神奇的世界 SHENQI DE SHIJIE

动物的秘密生活

陈敦和　主编

上海科学技术文献出版社
Shanghai Scientific and Technological Literature Press

图书在版编目(CIP)数据

动物的秘密生活/陈敦和主编. —上海:上海科学技术文献出版社,2019
(神奇的世界)
ISBN 978-7-5439-7898-0

Ⅰ.①动…　Ⅱ.①陈…　Ⅲ.①动物—普及读物
Ⅳ.①Q95-49

中国版本图书馆 CIP 数据核字(2019)第 081167 号

组稿编辑:张　树
责任编辑:王　珺

动物的秘密生活

陈敦和　主编

*

上海科学技术文献出版社出版发行
(上海市长乐路 746 号　邮政编码 200040)
全 国 新 华 书 店 经 销
四川省南方印务有限公司印刷

*

开本 700×1000　1/16　印张 10　字数 200 000
2019 年 8 月第 1 版　2021 年 6 月第 2 次印刷
ISBN 978-7-5439-7898-0
定价:39.80 元
http://www.sstlp.com

前言

Preface

人类生活在一个生机盎然、充满活力的蔚蓝星球上。在这个星球上，除了最高级的灵长类——人类以外，还生活着许许多多的动物伙伴。它们的存在让这个原本安静的星球变得无比热闹起来。

其他动物虽没有人类这样的智慧，但这些大自然的美丽精灵们仍凭借其独特的生存技能在偌大的自然界开辟了属于自己的天地，它们与人类共同站在这个美丽的舞台上。它们的生命有多么顽强，它们在这个星球展现了怎样让人惊叹的美丽？相信当你对庞大的动物家族有了深入了解之后，你会更加感叹生命的可贵，会更加珍视地球上生存的每一个生命。

孩子与生俱来喜爱动物。他们喜欢与动物为伍，他们喜欢与动物对话，他们聆听动物的故事，他们怀抱毛茸茸的动物玩具，翻看各种动物卡片和图书……动物们已经深深地融入到孩子们的内心世界，它们是孩子们成长过程中的亲密伙伴。动物世界的神秘与多彩，让每个孩子欲罢不能。观察动物的生活，体恤动物的生存是孩子们对亲密伙伴最好的回报。

《动物的秘密生活》是一本探索动物世界的百科全书，它将会带你步入动物的神秘国度，与猩猩穿梭于古老的森林，与雄鹰翱翔于蔚蓝的天际，与鱼儿嬉戏于清澈的河流，与骆驼行走于万里的沙漠……它们的聪明才智，它们的憨态可掬，它们的楚楚动人，它们的威风凛凛，它们巧妙的捕食方式，它们深居简出的生存之法，它们三五成群的栖息习性，它们感人至深的“夫妻”生活……都将在这里真实上演。

本书以精练的篇幅、优美的文字，从全新的角度向广大青少年阐述了动物的起源、发展以及进化过程，并详细介绍了动物的独特习性和生存技能。希望引领广大青少年更好地认识、了解大自然，关爱大自然里的每一个宝贵生命。

目录 Contents

Ch1 1 走进动物大世界

Ch2 21 独特完善的哺乳群体家族

Ch3 53 千奇百态的昆虫大世界

Ch4 81 姿态翩翩的鸟类群体

Ch5 109 多才多艺的水生生物

目录 Contents

Ch6 133 两栖动物和爬行动物

神奇的世界

第一章

走进动物大世界

早在6亿年前，蓝色的海洋就孕育出了最原始的无脊椎动物，从此动物的多彩生命在历史的舞台上拉开了序幕，开始了它们漫长的进化过程。动物的存在让原本安静的星球变得热闹非凡，它们千奇百态的多样生活，它们独一无二的奇特行为，它们高超厉害的“十八般武艺”……使得它们在这个充满危机的舞台上站稳了脚跟，并成功吸引了人们的目光。那么，什么是动物？动物有怎样的奇特生活？动物的世界有婚外恋吗？它们是相亲相爱的吗？本章即将带你探讨精彩的动物大世界。

走进动物大世界

什么是动物

动物在我们人类活动的地方并不少见，我们人类在最原始的时候也被称为动物，人类是高级动物。说到动物，即使是很小的小朋友也能说出几种。什么是动物？这个问题似乎是有些太简单了。天上飞的，地上爬的，水里游的……总之，凡是会动的，就是动物，这样说对吗？

动物定义大争论

“会动的”就一定都是动物吗？这样浅显的定义是对的吗？如果仅仅是以“会动”就给动物下一个定义的话，那就太不全面了。因为有些动物并不能到处活动，例如生活在海底的一些低等动物，它们是动物，但是却不会移动。另外，还有一些微小的生物，它们既有动物的一些特点，又有植物的某些特征，让人很难判断它们究竟是动物还是植物。那么，究竟什么是动物呢？

动物的概念

所谓动物是指多细胞真核生命体中的一个大类群，又被称之为动物界。动物一般只是以植物、动物或微生物为食料，这种特性使得动物与植物相区别开来，动物具有了与植物不同的形态结构和生理功能，能进行摄食、消化、吸收、呼吸等繁殖生命的运动行为。

动物是一个大家族，其家庭成员甚多，可根据大自然界动物的形态、身体内部构造、胚胎发育的特点、生理习性、生活的地理环境等特征，将动物家族作分类。总的来说，可以分为两大块——脊索动物和无脊索动物。这两大类包括了动物王国的千军万马。

动物家族再细分

动物总的分类包括脊索和无脊索两大类，但其实还可以将其分为更多种类。比如我们可以通过对不同动物身体的解剖，观察其体内有无脊柱，有的动物体内是没有脊柱的。然后，根据体内有无脊柱情况，又可将所有的动物分为脊椎动物和无脊椎动物两大类。

另外，还可根据动物是水生或陆生，将它们继续分为水生动物和陆

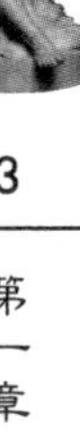

生动物；又可根据其有没有羽毛，将它们分为有羽毛的动物和没有羽毛的动物。除此之外，我们还可以用其他的特征对动物进行分类，这种分类方法有很多，谁叫它们生活在一个大家庭，家庭成员这么多呢！

绝大多数动物可以自由活动，动物本身不能制造养分，用来维持生命活动所需要的有机物和无机物都是从外界摄取的。而与之共存的“植物”是不能主动移动的，植物大多呈绿色，可借助太阳光的特性获得自身所需的有机物，并能释放出氧气。

动物是生物的一个大种群，能够对环境做出相应反应且很好适应，并能捕食其他生物。它们广泛分布于地球上所有的海洋和陆地，包括山地、草原、沙漠、水域等大部分地方。

现在你对动物的定义有了深刻的了解吧！动物家族很大，所以说难免会有些不好理解。

动物的奇妙生活

地球上所有存在着的活着的生物，总要经历两个最原始的阶段——

↓海洋动物

↑帝企鹅的交配仪式

出生与死亡。它是生命循环过程中不可或缺的两个重要环节。有生必有死，任何生物个体不管寿命有多长，到头来总免不了一死。

动物也传宗接代

动物和人类一样，传宗接代、繁衍后代也是它们不可推卸的重要责任。繁殖是动物生命循环中最复杂、最重要的阶段，也是动物生存的终极目标。很多新的生命出生成长在与其他同类动物竞争的年代里，它们所经历的是艰难的成长，每一个小生命来到这个世界上都会受到欢迎与期待。

在自然界里，常常会见到这样有意思的场景。瞧！一群昆虫正围绕着自己产下的卵高兴地飞来飞去，它们看上去就像是在举行一场欢庆仪式。没错，它们是在迎接一个新生命的到来，是在表达对诞生新生命的一种庄严与神圣之感。

艰难的成长

然而每一个新生命的降临都是伴随着艰难与痛苦的，它们想要来到这个精彩的世界，也必定要经历一些艰难。我们喜爱的美丽蝴蝶，它们来到这个世上要经过多次痛苦的挣扎才能破茧而出；而雄蜘蛛为了繁衍后代，付出的是不惜被雌蜘蛛吃掉的伟大代价。任何一个新生命的到来，大都是

扩展阅读

所有的生物都起源于海洋，早在6亿年前，蓝色的海洋就孕育出了最原始的无脊椎动物，从此动物生命在历史舞台上拉开了序幕，开始了漫长的进化过程，逐渐演变，逐渐进步，给大自然增添了无穷的乐趣。动物王国的奇妙，使得人类探索动物奥妙的步伐从未停歇过，动物们正以勃勃的生机在这个地球上展现光彩。

意味着一个旧生命的结束。

呵护小宝宝

保护小动物，精心照料后代，是每一个母亲的本能，而且越是高级的动物对自己的幼崽呵护得越是周到。动物妈妈们对它们的子女都有一种特殊的疼爱之情，尤其是哺乳动物和鸟类。

在哺乳期的动物妈妈们常常会冒着生命危险去保护其子女，有时面对异常强大的猎食者，它们会拼上性命去抵抗。

一部分海洋动物，包括鱼类、软体动物、甲壳等，是没有父母的。它们的卵和丢弃在大海中的精子自由结合成受精卵，微小的幼体就从这些受精卵中诞生，之后随波逐流，自己慢慢地长大成熟。没有父母的动物只是小部分，绝大多数的小宝宝都是在母亲的呵护下长大的。如鳄鱼家族，雌鳄鱼在把卵产在河岸边后，会十分警惕地守护它们，不让其他野兽靠近。在小鳄鱼孵化的过程中，细心的妈妈会一直守护在旁边，等到小鳄鱼孵出来之后，鳄鱼妈妈们会小心翼翼地用牙齿叨着把小宝宝放到安全舒适的水里。虽然妈妈们的牙齿很锋利，但它们会很谨慎地不伤害到自己的孩子。

传授本领

动物们不仅能生儿育女，而且在它们的成长过程中还会教会它们生存的技能和本领。如可爱的小猫咪一生下来就具有杀死猎物的本能，但它们却不会跟踪和捕获猎物，这就需要猫妈妈们发挥作用了，需要猫妈妈对他们耐心训练。猫妈妈会把半死的老鼠给小猫看，让它认识猎物的外形，然后一有机会就会让小猫们自己独立练习处理猎物。在猎取猎物时，它们有时会把一些离群的或是幼小残弱的猎物一直追到窝边，以便小猫能很好地练习捕猎技术。猫妈妈们真是用心良苦啊！

有时，一些伟大的动物母亲，为了使自己的幼仔获得好的教育，还会亲自做动作示范给它们看。这是一个关于狮子的故事。有一次，母狮先把抓来的牛羚踢倒，用牙咬紧其喉部，然后松口后做出一种姿态示意小狮子去咬，自己则退到一旁观看。如果看到小狮子敌不过牛羚时，母狮就会飞快地跑过去把牛羚再次踢倒，咬到半死后再让小狮子自己去收拾。

知识链接

有些动物母亲不仅会给自己的孩子传授本领，而且还会教子女使用工具，节省时间和体力。有种生活在浅海里的海獭，发现鲍鱼时，会用前肢从海里捞起石头将其打死，然后吃掉。小海獭喜欢吃海胆，而这种东西有很坚硬的外壳，这时大海獭会教咬不动它们的小海獭，捡一块石头抱在胸前，然后用前肢夹着海胆往石头上撞击，使海胆破裂就行了。

动物的多样行为

动物的世界也有千奇百怪、多姿多彩的各种行为，它们会有表达感情的交流方式，会有种群之间的友谊与和谐关系，它们也会在充满诱惑的自然界中保护和伪装自己，当然他们也少不了情感表现，它们也会谈情说爱。它们的世界和人的世界一样到处充满生机。

多姿多彩的交流方式

人类社会是用语言来互相交流思想、表达感情的。然而不会说话的动物们是怎样传递感情、进行交流的呢？动物之间会有它们自己独特的联系方式，它们通过奇特的“语言”系统——声音、动作等，相互联络，沟通感情，甚至是寻找配偶。

动物界里，像马的嘶叫、狼的怒嚎、老虎的咆哮等，都是兽类独特的“语言”。昆虫也有类似语言，如夏季鸣叫的蝉，在草地里低叫的蛐蛐，会发出织布声音的纺织娘等，它们的鸣叫声就是在传递信息。

有些动物是以气味作为联络信号的，如被抓住的老鼠会撒尿，不要以为这是老鼠被吓得“屁滚尿流”。它其实是在向同伴们发出信号，意思是这里危险，不要靠近，快点逃跑。

黑猩猩是世界上极其聪明的一种动物，它们和人类一样，常常是用抚摸、拍打等动作来传达感情，甚至在和朋友见面时它们还会互相问候，有意思极了。

动物也谈合作、谈友谊

动物之间也会有合作与友谊，这或许是为了在竞争激烈的大自然里得以更好地生存。当一只大雁死去后，它的同伴们会悲伤好几个星期，它们很少吃东西，总是低垂着头，好像对什么都不感兴趣；如果一只大象受了伤，会有别的大象来照顾它，而如果

↓松鸡示爱

它死去了，整个象群会为它准备一场“隆重”的葬礼，这种表现真的类似于人类的行为了。

还有更不可思议的呢！我们都知道鳄鱼是水域中的猛兽，然而它却与空中飞的燕干鸟是一对好朋友。鳄鱼一顿饱餐之后，便会躺在水畔闭目养神。这时，飞来几只燕干鸟，它们会大胆地啄食鳄鱼口腔内的肉屑残渣。有时鳄鱼睡熟了，燕干鸟就飞到鳄鱼嘴边，用翅膀拍打它几下，奇怪的是鳄鱼不但不恼怒，还会自动张开嘴，让小鸟飞进嘴里。

动物界的伪装本领

动物在自然界里自我保护与伪装的本领也是很厉害的，它们的伪装是为了躲避天敌或蒙骗猎物。而它们的这种伪装本领却是天生的，不像人类是从后天学习而来。

对于动物来说，它们的伪装技术是一种天生的自卫本领，经过千万年的演化，已成为它们生命中不可分割的一部分。在弱肉强食、适者生存的自然生态环境中，每一种动物都在精心为自己设计形态、颜色极其丰富的花纹。它们用这些特色很好地伪装自己。如青蛙，它一般生活在碧绿的水中和潮湿的草丛中，它本身的颜色就与这样的环境融为一体。它们身上草绿色和墨绿色的花纹，使得它们可以在草丛中很好地藏匿，因而很难被发现。

趣味阅读

动物之间也谈情说爱

动物们之间也有美妙的爱情，它们也会谈情说爱，它们的求爱方式很有意思。它们为了找到各自中意的伴侣，会施展出各种不同的、令人称奇的求爱方式，可谓是花样百出。如孔雀开屏就是雄孔雀向雌孔雀求爱的表现；又如夜莺和画眉的歌唱、蝉和蟋蟀的鸣叫等都是雄性为吸引雌性而努力奉献的爱情歌曲。

动物之间的求爱故事不全是这么温柔浪漫的，其中还有惊心动魄的呢。就如蜘蛛的求爱过程，雄蜘蛛在求爱过程中很容易被雌蜘蛛捕杀，即使是最老练的雄蜘蛛也不敢贸然去安慰饥饿的异性。它们的求爱过程往往是需要一番周折的，为了使雌蜘蛛明白自己的倾慕之心，雄蜘蛛会选择一个安全的距离跳一种奇怪的舞来平息雌蜘蛛的怒火，以求进一步亲近。

动物的再生本领

在我们的日常生活中，常可以看到一种奇妙的现象，比如说当我们的身体受伤以后，肌体可以自行修复。这就是所谓的再生，一般的小伤，只要几天就会好。假如手指被削掉了一块皮，不用担心，因为新长出来的皮肤甚至连指纹的形式都会和原来的一模一样。而且，伤口长到一定程度就会自动停止生长，不会无限制地越来越大。那么这种再生本领，动物具有吗？

动物的修复功能

自我修复的功能，不仅表现在人类上，甚至在某些动物身上体现得更为突出。如将蝾螈的前肢切断以后，它能够在短短的六个星期内，就长出几乎与原来完全一样的前肢。这种再生本领是在生物体内生命信息的指令下进行的。

如节肢动物螳螂，是一种极为常见的昆虫，在野外以捕食害虫为生。我国产螳螂，体长约6厘米，身体颜色呈绿色或黄褐色，它的头呈三角形，头上长有很大的复眼和细长的触角；胸部长有两对翅膀，三对足。螳螂的腿可以再生，如果将螳螂前肢转节与骨节之间折断，不久它就会长出与原来一模一样的腿来。

棘皮动物海参的特殊手段

为了生存，动物不择手段拒敌的事例有很多，如棘皮动物中“抛肠弃肚”逃生的海参，会分身逃命的海星等。它们的手段尤为特殊，不由得让人惊叹。

海参的拒敌手段十分奇特，它圆筒似的身体上长满肉刺，但肉刺是软软的，没有任何锋利可言，无法成为拒敌的武器。所以当海参遇到敌害时，只有

↓海星再生展示

知识链接

生活在拉丁美洲的一种有袋类动物——负鼠，具有装死逃生的本领。当遇到强敌侵犯，来不及逃跑时，它便身体翻滚，四脚朝天，双眼瞪直，嘴唇后裂，呼吸停止，活像一具死僵尸。它能保持这种姿态长达6小时之久，真够厉害的。由于一般食肉动物都喜欢吃鲜活食物，所以对于它这样的死尸根本不感兴趣，于是负鼠装死显然能使它死里逃生。

“三十六计，走为上策”。海参为了顺利地逃脱，最常用的手段就是采用“苦肉计”，通过身体的急剧收缩，将自己的内脏器官迅速地从肛门抛向敌害，以转移敌害的视线，并趁敌害惊愕不知所措时，逃之夭夭。

然而失去内脏后的海参，却像没什么事一样，继续悠然自得。因为它们高超的再生本领，会在几周时间内，重新长出一个新的完整的内脏。这正应了“留得青山在，不怕没柴烧”的古谚语。

动物的“十八般武艺”

你不知道吧，动物也有多种多样奇异精彩的武艺，它们或防守或攻击，运用得恰到好处，就像人类有刀、枪、剑、戟等十八般武艺一样。

精彩的“十八般武艺”

被称为穿山甲的鲮鲤，有一个强硬的御敌武器——“铠甲”。它的“铠甲”可不一般，是由瓦状的角质鳞片构成，除腹、面及四肢内侧外，穿山甲几乎全身都披挂着这种覆瓦状的鳞片。有了这身坚固的“铠甲”，穿山甲常常天不怕，地不怕，“狂妄”得不得了。难怪，有这种“铠甲”护身，遇到敌人时，只要把身体蜷缩成一团，就能化险为夷，转危为安了，这么厚的“铠甲”，实在是令敌人难以下手。

刺猬是一种嘴尖、耳小、四肢短，长不过25厘米的小型哺乳动物，它的防身武器则是一种倒竖的“钢针”，其浑身上下都长满这种犹如“钢针”般坚硬、粗而短的棘刺。身型较小的它遇到敌人袭击时，就将头朝腹面弯曲，身体用力蜷缩成一团，包住头和四肢，并将身体上的“钢针”竖起，这样一团浑身是刺的东西，令敌人找不到地方下口。

动物的警戒色

神奇的动物一族不仅有保护色，还有引人注目的警戒色。这些具有警戒色的动物往往有杀敌的非凡本领，所以为了少惹麻烦，避免敌人的纠缠，它们便用警戒色警告敌人：不要接近我，我很危险！

不少蝴蝶和蛾都有警戒色，如有着美丽色彩的金凤蝶，当鸟儿看到这种色彩的蝴蝶时，就会立刻避开。因为它们尝试过金凤蝶的臭脉分泌出的具恶臭的毒物的滋味，所以有过第一次当然就不想再有第二次了。

箭毒蛙和蝾螈的厉害

箭毒蛙是一种生活在中美洲热带雨林中的动物。它的皮肤能分泌出剧毒的黏液，当地土著人利用箭毒蛙制成各种毒箭，箭毒蛙由此得名。

箭毒蛙具有橘红、蓝、金黄等多种梦幻般美丽的色彩，它们是用这些色彩警示敌人：不要靠近，我很危险。这些鲜艳的色彩往往能够唤起企图侵犯它的动物的恐怖回忆，因为它

扩展阅读

长相可怕的蝎子也有一个御敌和猎食的武器，那是一种威力强大的毒钩。蝎是一种肉食性的节肢动物，它全身上下披挂着各种武器。蝎子的进攻性武器主要有两件，一件是一对钳状的螯肢，一件是一对巨大的螯足，当它的双螯举起时，就像一双双无比坚固的铁掌，令敌人和猎物望而生畏。蝎子最可怕的武器要数尾部的毒钩，毒钩内藏有毒液。蝎昼伏夜出，一旦遇到蜘蛛或昆虫类猎物，它就会立即用螯足将其钳住，然后尾刺钩转，一针下来，毒汁射出，猎物就必死无疑。

↓蝎子

们曾亲眼看见同伴因中毒而痛苦地死去。所以几乎所有的捕食者都会对箭毒蛙的警告言听计从，敬而远之，即便它们饥肠辘辘，也从不敢对它有任何非分的想法。

在陆上生活的蝾螈也有警戒色，当它们仰面朝天休息时，常会将具有华美色斑的腹部对着天空，以警示敌人别影响它们睡觉。有意思的是，蝾螈们之所以可以这样肆无忌惮，是因为它们耳腺和尾部可以分泌有毒的黏液。这种黏液不仅有毒，而且还是一种黏合剂，当与敌人厮打时，它会用这种黏合剂封住对手的嘴巴，使对手难以张口吞食自己。

动物也有“婚外恋”

科学家们发现，在成双成对的鸟类和哺乳动物中，大约只有10%的伴侣是“一夫一妻”制，即彼此一心一意，白头偕老的。

动物的“婚外恋”

美国康奈尔大学进化行为专家埃姆伦说：“实际上，真正的原配关系在动物行为中是极为罕见的。”他说，“社会学意义的一雌一雄”关系看起来比较普遍，而“遗传学意义的一雌一雄”关系则是凤毛麟角，这是指动物对性伙伴的忠贞不渝。

在灵长目动物中，只有两种猴子——狨猴和绢毛猴能够真正做到从一而终，其他绝大多数的灵长目动物并不要求自己对配偶有多忠诚。

爱情象征的东蓝鸲

就连被人们当做是爱情专一象征的东蓝鸲，事实上也并非如此，相反，它们的性关系也十分复杂。科学家研究发现，一对共同生活的东蓝鸲所抚养的后代中，大约有15%~20%的幼仔不是雄鸟的亲生后代。在180多种一雌一雄生活的鸟类中，只有大约10%的鸟只与配偶发生性关系，其他的90%都有“拈花惹草”的行为。

动物热衷“婚外恋”的根源

那么，动物们为什么热衷“婚外恋”，要对婚姻不忠呢?

动物的婚外恋并不是因为它们不专一。它们在繁殖期与其配偶之外的异性交配时，可使其后代获得种群重要的遗传优势。所以雌性动物寻求外遇是为了使后代获得更为优秀的基因，而雄性动物的外遇则是为了家族有更多的儿女。所以即使是看起来用情极为专一的动物夫妻，也会常常去附近的巢穴或群落寻找陌生异性交配繁殖。

一些研究表明，与素质很高的雄性结伴的雌性动物没有外遇行为，这样的雌性动物相信它们已经拥有了最好的配偶，不需要再去找别的了。

研究人员一般认为，在一雌一雄的成年动物抚养幼仔的种群中，幼仔

↑两只争吵的海鸠

的存活情况最好，单配制最早就出现在这类种群中。

知识链接

生活在美国加州的褐鼠是一种对配偶最为忠诚的动物，其基因检测表明，不管是雄的还是雌的加州褐鼠，对于来自巢穴外的性诱惑，都能视而不见。它们之所以对配偶没有不忠之心，可能是因为小褐鼠出生后的整个冬天，都需要父母双方的悉心照料。所以为让小褐鼠活下来，褐鼠父母必须把它们拥在怀中，共同温暖小褐鼠的身体。如果雄褐鼠出走的话，雌褐鼠就会狠心地杀死或遗弃小褐鼠，而如果雌褐鼠出走，小褐鼠将会被饿死。

会使用工具的动物

人类作为一种最为聪明的高级动物，会制造和使用工具。然而与人类共同生活在这个星球上的更多动物们虽不会制造工具，却能巧妙地运用工具，它们能使用石块或木棍等进行捕食或防御。

看动物们使用工具

海獭是众多动物中会使用工具的动物之一。它在捕食时，会潜入水底，寻找螺、蛤等贝类动物。当它千辛万苦找到食物时，就会把食物放到腹部，然后拾起一块石头，慢慢仰浮到海面。做好这些准备后，它用前肢夹住石块往食物的壳上猛砸，直到把壳砸碎，这样海獭就可以悠闲地享受

一顿美餐了。

为了能填饱肚子，海獭做这件事时是极为耐心的，它们吃完一个，就会又急急忙忙地去寻找下一个目标。它们为寻找食物乐此不疲地奔波着。

有些种类的蚂蚁在找到食物后，在食物很小的情况下就会当场吞食掉。而如果食物太大，它们就会找来同伴们，商量着集体把食物搬运到树叶上，然后再齐心协力把树叶抬到洞里去。小小力气的蚂蚁做起这种事情来，个个都显得精神极了。

看啄木地雀如何耍聪明

生活在太平洋加拉帕戈斯群岛上的啄木地雀，是一种嘴很长的动物。它在吃小虫子的时候，常用细长的尖嘴一点点地啃啄树木，寻找食物。一旦发现树孔中藏有虫子，它就会本着吃不到嘴里绝不罢休的态度，努力把树皮啄穿，直到把小虫子从里面啄出来为止。

如果有时洞孔太深，尖嘴也无能为力的时候，啄木地雀就会机智地找

知识链接

灵长目的猴或猿类更是巧用工具的能手。它们不仅会用工具来取食，还会把工具当做武器来驱赶防御敌人。如狒狒会用树枝击打前来侵犯的毒蝎子，直到打得对方不能动弹为止；黑猩猩更是经常挥动树枝来威胁敌人，它们还会巧妙地用树枝撬开东西。

↓狒狒正在攻击一只瞪羚

来细树枝条或仙人掌刺，用嘴将多余的部分截去，再把树叶啄掉，然后衔着枝条的一端，将另一端慢慢伸进洞里把虫子拨弄出来，然后好好地饱餐一顿。

当啄木地雀找到一件得心应手的工具的时候，它会在用完一次后把它很好地保留下来，并且经常带在身边，以备不时之需。它们这样聪明，真是让人无比感叹。

令人叫绝的北极熊

大象会用鼻子抓住树枝来抓痒；埃及秃鹰会用岩石将鸵鸟蛋敲碎来饱餐一顿；雌性黄蜂会用泥土把卵封起来后，用嘴衔着一小块鹅卵石将封口敲紧……而众多“人才”中，最令人叫绝的是北极熊，它的聪明才智更是让人钦佩，它会用小海豹作为诱饵，引诱大海豹。

首先，北极熊从水中抓起一只幼海豹，把它弄伤后，然后又放回水里，受伤的小海豹所发出的哀叫声和浑身散发的血腥味用不了多久就会把它的母亲引来，于是北极熊可就双丰收了，不仅小海豹成了它的腹中之物，连前来营救的大海豹也同样在劫难逃。

天生认路的神奇动物

在丰富多彩的动物世界里，什么神奇的事情都是有可能的，比如说认路。没错，认路本领对于许多动物来

↓北极熊家庭

说是见怪不怪的了，它们很多天生就具有这种本领，即使“家”再远，都能找到住所，而且从不会迷失方向，似乎家就是它们最神圣的归宿。

它们是怎样认路的

那我们不由得要问了，作为动物的它们是如何正确认路的呢？总体来说，不同动物的认路方式不一样。

说起信鸽，大家都会不约而同地竖起大拇指。它天生归巢的本能使得它担负了千里传信的工作，无论是阻隔千山万水还是崇山峻岭，它们都能回到自己熟悉和生活的地方。它能靠地球的磁场准确地判断自己的飞行方向。

马也是认路行家，如果把一匹马牵进一片茂密的森林里，不论在什么时候，它都能顺着原来的路回到马棚。聪明的马是靠记忆一路上遇到的景物、看到的颜色、听到的声音和闻到的气味来刺激大脑准确认路的。

动物群体 各显神通

在非洲南部的一些岛屿上，生活着一种生性胆小的蛇，人们称它为“撒粉蛇”。这种蛇不具有天生认路的本能，但它却能略施妙计认准回家的路。撒粉蛇在离开“家”后，便沿途抖落一些身体表面的粉末，这些粉末颜色明艳，且气味浓烈，撒粉蛇就是靠这种有明显气味的粉末来正确引导自己回到洞穴中的。

每天要离开蜂巢到很远的地方采蜜的蜜蜂，主要是靠识别空气中的

↓白鸽

扩展阅读

神奇可爱的动物们不仅具有认路的本领，同时它们还有一个更绝的本能，那就是能预知灾难。大量事实表明，有些动物能对即将来临的灾难做出精确的预测。如具有预知台风能力的水母，它们往往会在风暴来临之前迅速逃走。

还有些动物能预测地震，蟑螂的一对尾须上覆盖着2000多根密密麻麻的丝状小毛，小毛的根部是一个高度灵敏的微型“感震器”，它不但能感觉到震动的强度，而且还能感觉出压力的来源。

此外，在地震前，牛、马、驴会表现为少食、惊恐，猪、羊、兔则会显得躁动不安，此外还有鸡飞狗叫，蛇鼠出洞，猫儿乱窜，燕子、鹰群飞走等反常现象出现。这些都是预测地震即将发生的动物发出的“报警信号”。

偏振光来认路，从而回到自己的巢中的。大雁每年要南迁北徙，往返的路程往往长达数千千米，这样长的路程都不能使它迷路。它在飞行时把太阳和星座作为定向标，所以它从不会迷失方向。

生活在内河中的鳗鱼，每年春天会顺流而下入海产卵，而小小的幼鳗则能逆流而上准确回到内河，它们是靠水流来认路的。

可怜的小灰鼠

南非森林中生活着小灰鼠一类动物，它们在出远门时，每走一段距离就要用嘴拱起一个小土堆，回来时，只要找到小土堆就可以找到回家的路了。而如果小土堆不幸遭到破坏，那它们就无计可施，可怜地找不到回去的路了。

奇怪的动物自杀行为

生存是大自然中一切生物的本能，自地球上出现生命以来，它们就无时不在利用自己的优势与大自然作顽强的抗争，它们使出浑身解数以求得在这个地球上站稳脚跟，拥有自己的一片天地，满足自身的生存、繁衍和发展需求。但是，在这样一个竞争激烈的环境中，却有不少动物义无反顾地走上自杀之路，这究竟是什么原因呢？

蝎子的自杀行为

动物学家研究发现，无论是在自然条件下还是在实验条件下，蝎子对火都是极其畏惧的。如果是在野外遇火，它们便躲在碎石下、树叶下或土洞中不肯出来。

而要是它们被大火团团围住，其行为就更为惨烈了，这时它们会选择自杀。蝎子会弯起尾钩，狠狠地朝自己背上猛刺一下，然后便软瘫在地，抽搐而“死”了。

蝎子的这种自杀行为，有人认为是源于古代恐火特性的遗传，关于这一点，动物学家给出了更科学的解释：蝎子习惯生活在阴暗、潮湿的环境里，它们一旦见到火光便会本能地假装自杀而死，它的毒根本毒不死自己，所以这只是它自我保护的一种手段。

乌贼和鸟类的自杀行为

长年生活在海里的乌贼也有集体自杀的行为。1976年10月，在美国科得角湾沿岸辽阔的海滩上，原本平静的海面上突然有成千上万只乌贼争先恐后地冲上岸来，仿佛在赶着参加一个盛大的聚会。因为乌贼不能在陆地上呼吸，所以没过多久它们便全部死

扩展阅读

海里的巨大生物鲸类集体自杀也是很常见的事情。1946年10月，在阿根廷的马德普拉塔海滨浴场，有835头鲸类一起游向海岸，冲向海滩，在海滩上挣扎好一会儿，最终窒息而死。

1985年12月，在我国福建省打水岙湾的洋面上，一群抹香鲸乘着涨潮的波浪冲向海滩，结果全部搁浅。渔民们采用各种方法，甚至动用机动帆船驱赶鲸群，让它们返回海洋。可是刚刚被驱赶回海里的鲸鱼只待了一会儿，竟然又再次冲上海滩来，停在那里挣扎、哀叫，直至退潮，12头长12～15米的抹香鲸最终全部死掉。

↓鲸锋利的牙齿

亡了。

鸟类中自寻短见的行为也较为常见。在印度阿萨姆邦詹金根地区有一个叫贾迁加的村子，那里每年的8月中旬左右，在没有月光的夜晚，都会有数百只鸟逆风飞进村里来。它们只要见到光源就忽地猛撞过去，有的甚至还飞进有亮光的卧室里，当场撞死，只有少数会活到第二天。而当村民给它们喂食时，它们竟不约而同地绝食，不吃东西，于是撑不到两天，它们便全部死去了。

难以理解的旅鼠自杀

北欧的田野里生活着一种叫旅鼠的老鼠，它们的繁殖力很强，数量很多，食量也很大。它们每到一处，几乎都能把当地的植物吃得精光，有时甚至还会把牲畜也咬伤。而由于有限的植物无法填饱它们的肚子，所以旅鼠的世界常常发生饥荒。

每逢饥荒，就会有数以万计的旅鼠从四面八方蜂拥而来，很快方圆几百里的地方就都成了它们的天下。于是凡它们经过的地方，庄稼、草木都被洗劫一空，这样一群声势浩大的群体最后会直奔海洋，在挪威海岸选择集体自杀。

谈谈动物的睡眠情况

动物的睡眠情况也是一个极为有意思的话题。它们中的长眠者，可以一觉睡上好长时间，如长相可爱的树袋熊，它们每天平均有18个小时都是在睡觉。与此相对照的是短眠者，短眠动物中有马、牛、驴、象等，它们一般每天仅睡3～4小时。

动物的睡眠时间为什么长短不一

动物睡眠时间的长短与其身体代谢情况有关系，一般来说，小型动物代谢旺盛，寿命很短，睡眠时间却很长。如睡眠时间很长的刺猬，它的寿命只有6年，而它每天要睡17～18小时。相反，代谢较慢的大型动物，寿命较长，睡眠时间却很短。如寿命长达46年的马，每天却仅睡3个小时的觉。“代谢快，睡眠长；代谢慢，睡眠短”似乎成了一种规律。

当然也有特例，有一种叫做“吉尔瓶鼻海豚”的水栖哺乳动物，它是用左脑和右脑轮流睡眠的。当大脑左半球处于睡眠状态时，右脑半球却清醒着；相反，右脑睡时，左脑却在醒着。这样每30～60分钟交替一次，所以不会出现左右脑同睡或同醒的情况，因此很难区分这种海豚是长眠者还是短眠者。

试探动物睡眠的起源

从生物进化史上看，动物的睡眠可能来源于其本身的休息，休息可能是睡眠的最初形态。如鸽子和大雁这两种鸟类可以不睡觉，但是必须休息。当鸽子单独睡眠时，它得不时睁

睁眼睛，探视周围是否有险情，时刻警惕着。而当它们群居时，大家都睡眠，只留一只鸽子醒着“值班”就行了。

每年春秋千里远征、南飞北渡的大雁比较辛苦一点，它们有时几天几夜都连续飞行而不能睡眠，这说明高等动物的睡眠不一定是绝对必需的，但它们在长途飞渡大洋时，短暂时间的休息却是不可缺少的。

无脊椎动物的睡眠情况

无脊椎动物的睡眠情况也是很有意思的。有一种叫做蛞蝓的巨大软体动物，栖息于海中。在水槽中饲养它们时，它们白天到处爬行，不间断地觅食。而到了傍晚后，便爬到水槽的一端，缩在那里不动，夜间偶尔会活动一下头部和触角。这一晚就很难判定它是在休息还是在睡眠。

还有一种叫做谷蛾的无脊椎动物，它的活动期很短，休息期很长。它休息时通常一动不动，即使用小钳子夹它的翅膀，它也没有反应。

动物的冬休与冬眠

严冬季节对于很多动物来说是一个难以忍耐的季节。候鸟为了躲避严寒，一到秋天就要飞向暖和的南方。但有很多哺乳动物并不逃避寒冬，而是自行调节体内条件对付危境。它们把呼吸的循环控制在最小限度，创造出与睡眠相似的一种休息状态，如刺猬、土拨鼠、仓鼠等就是这样一些冬眠动物。在冬眠期间，它们靠消耗自己体内的脂肪过日子。

松鼠、野狗、黑熊等动物并不是真正的冬眠，它们是“冬休”。冬休期间，动物把自己封闭在窝里，靠消耗身体的储备和储藏的食料过日子。熊类冬季“蹲仓”现象就是一种冬休行为。向冬眠过渡的动物睡眠是从慢波睡眠开始的，如山鼬在进入冬眠状态时，可以连续地记录到慢波。因此可以说，冬休不同于冬眠，冬眠也不同于平常的睡眠。

知识链接

在进化史上，爬虫类是鸟类的祖先。美国的睡眠研究专家爱德华·塔巴对变色龙这一爬行动物的睡眠行动有如下描述：变色龙日落之前，必定要爬在树上，尾巴缠绕在树枝上，一动不动，两个眼球向不同方向转动，这是它的睡前状态。这时即使有小昆虫落在它身上，它也无动于衷。到了日落以后，它就闭上环状的眼盖，眼球深陷，像冬眠动物一样，只要没有干扰，它就能以这种姿态过上一整夜。青蛙和蝾螈等两栖动物，即使在觉醒状态，遇到低温寒冷气候时，也会僵直不动，所以很难判断它们是在睡眠还是休息。

神奇的世界

第二章

独特完善的哺乳群体家族

在动物的大家庭里，哺乳类动物处于动物进化史上最高级的阶段，也是与人类关系最为密切的一个类群。这个群体当中的很多动物都是我们所熟悉的，如穿梭于森林中的远古生物大猩猩，机智狡猾的聪明动物狐狸，家喻户晓的猫、狗等，它们都是最典型的哺乳类动物，它们的存在让整个大自然更为精彩。

猩猩

——原始古老的群体

☆门：脊索动物门

☆纲：哺乳纲

☆目：灵长目

☆科：猩猩科

猩猩就是我们平常所说的红毛猩猩，是亚洲唯一的大猿。它们被认为是社会的隐居者，而且生活习性非常独特，它们所建立的地区性模式常常会使人想起人类早期的历史文化。这种动物现在仅存于马来西亚的婆罗洲和苏门答腊岛雾气缭绕的丛林里。

猩猩长什么模样

猩猩是唯一产于亚洲的大型类人猿。其体型较大，个子很高，站起来身高可达1.4米；身体表面披有较长且稀少的体毛；其毛发为红色，看起来略显粗糙。这种毛发的颜色是有变化的，幼年时的毛发为亮橙色，而某些个体成年后其毛发颜色则会变为栗色或深褐色。

猩猩粗糙的面孔看起来十分吓人，面部赤裸，为黑色。但其幼年时期脸部皮肤却不是一成不变的黑色。幼年时期的猩猩，脸上、眼部周围和口鼻部均为可爱的粉红色，这样看起来就舒服多了。雄性猩猩的脸颊上有明显的脂肪组织构成的“肉垫”，并且具有喉囊，它的牙齿和咀嚼肌相对比较大，可以轻易咬开和碾碎贝壳和坚果。

苏门答腊猩猩体型偏瘦，皮毛为灰色，头发和脸都比婆罗洲猩猩长。它的双臂展开可以达到2米长，这样就可以在树林之间摆动着双臂荡秋千玩呢。

猩猩生活在什么地方

现在仅存的猩猩，生活在婆罗洲和苏门答腊岛北部的森林里，婆罗洲岛附近则有10000～15000只红毛猩猩存活，它们主要活动在八个隔离区内；而在苏门答腊岛北部大约有9000只红毛猩猩存活，它们主要在一个国家公园的四周活动。

因为猩猩的体形很庞大，所以相应地其胃口也很大。有的时候它们会花上一整天坐在一棵果树上狼吞虎咽。其食物中大约有60%是果实，无论成熟与否，猿类都爱不释手，它们喜欢吃果肉中富含糖分或脂肪的果实。

居住在热带雨林中的黑猩猩主要吃树上的水果。当水果不足时，它们也会吃树叶、野菜、谷物和小鸟。而生活在草原林地中的黑猩猩因食物不充足，便吃白蚁，同时也会捕杀猴、猪和小羚羊等一些小动物。它们在地面上和树上一样可以活动自如。

探讨猩猩们的世界

体型庞大的猩猩们喜欢群居，每群数量多时可达80只。但它们的组织结构较分散，一般主要依据食物的多少而定。不同群的黑猩猩混在一起，彼此之间却没有敌意。

它们善于攀爬，一般栖息在树上，夜间在树枝上筑窝睡觉，白天多在地面上活动。猩猩们行进的时候很费劲，大概是因为其身体庞大的原因，它们每天移动的距离通常不到1000米。

到了猩猩们成熟的阶段，恋爱就开始了。雌性猩猩会每5个星期发情一次，并同数只雄性交配。它们只在交配繁殖时才待在一起，交配结束后就分手。幼小黑猩猩一般会在母亲身边生活6年。

有趣的高智力

黑猩猩是动物中智力最高的，仅次于人类。它能分辨出大多数颜色，会制造及使用简单的工具，而且有很强的记忆力。另外，猩猩们还可做出表达多种情感的面部表情并表达出多种较为复杂的情绪。

然而猩猩们正在面临危机，为了防止猩猩在野外灭绝，需要人类对剩下的森林进行认真的保护和积极的管理。

猩猩是一种喜欢独行的动物，特别是生活在婆罗洲的猩猩。成年的猩猩大部分都是自己独自行动和进食的，它们的后代在断奶之后会慢慢地变得独立。雌性猩猩会经常回来，和母亲待在一起。而雄性猩猩一般到了青春期以后就会和母亲断开关系。幼年和青春期的猩猩还是很要好的朋友，它们有的时候会一起玩上几个小时。而成年的猩猩就不会这样了，如果它们被同一棵果树吸引，也几乎不会进行互动，而是在吃完以后各自离开。

↓猩猩

狐狸
——如此机智狡猾

☆门：脊索动物门
☆纲：哺乳纲
☆目：食肉目
☆科：犬科

狐和狸是两种完全不同的动物，它们在世界各地都有分布。既然是两种不同的动物，为何会被合在一起称为狐狸呢？这是因为狐经常会出现在人们的视野中，而狸体大如猫，圆头大尾，全身浅棕色，有许多褐色斑点，从头到肩部有四条棕褐色纵纹，两眼内缘向上各有一条白纹，却很少被人们所看到。长此以往，人们就习惯把通常所看到的狐称之为狐狸了。

狐狸的生活习性

机智狡猾的狐狸活动范围很广，而且有很强的适应能力。森林、草原、半沙漠、丘陵等地带都有它的足迹，常居住于树洞或土穴中，傍晚出外觅食，直到天亮才回家。

狐狸具有很好的嗅觉和听觉能力，又加上行动敏捷这一长处，使得它能轻易捕食各种老鼠、野兔、小鸟、鱼、蛙、蜥蜴、昆虫和蠕虫等。因为它主要吃鼠，偶尔才袭击家禽，所以说是一种益多害少的动物。它偶尔也会吃一些野果。

狐狸的尾根部有一个能排放恶臭气味的臭腺，这是狐狸攻敌和自卫的法宝。如果遇到敌害，发生争斗，臭腺能适时排放出奇臭无比的气味，令天敌无法忍受而急速逃走。

一个奇怪的行为

聪明的狐狸有一个奇怪的行为让人费解。那就是当一只狐狸跳进鸡舍，它会把所有的小鸡全部咬死，而最后却只选择叼走一只。

狐狸还常常会在暴风雨的夜晚，闯入黑头鸥的栖息地，残忍地将数十只鸟全部杀死，却一只不吃，一只不带，空“手”而归。这两种奇怪的行为叫做“杀过”！

伟大的狐狸家长们

狐狸平时都是单独生活，只有到

了繁殖的时候才会结成小群。通常是每年的2～5月产仔，一般一胎为3～6只。狐狸的警惕性很高，如果谁发现了它窝里的小狐，它会选择在当天晚上立即“搬家”，以防不测。

狐狸父母是很疼爱自己的孩子的，从孩子刚出生搬家就可以看出来。父母们不仅很疼爱自己的孩子，而且更注重对它们的培养。老狐狸常常会带小狐狸们外出，对它们进行打洞、捕猎、逃生等示范教育。

不过这种温暖的教育持续不了多长时间，等到小狐狸们长大后，一切就都变了。再也没有慈祥的父母，换来的是老狐狸对它们疯狂的撕咬、凶狠的追赶，逼迫它们四处逃窜，无法回家。从此以后，小狐狸们就各自离家，开始独立生活。老狐狸的这种看似凶暴的方法，实则是在教育小狐狸们勇敢成长，这个有利于狐狸种族的生存。

狐狸的猎捕故事

狐狸不怕猎犬，它们速度快，小巧灵活，一只猎犬根本逮不着它。相反，机智聪明的狐狸还知道设计引诱猎犬落水。

当看到有猎人在做陷阱时，它们会悄悄跟在猎人后面。等到对方设好陷阱离开后，它就会悄悄地到陷阱旁边留下可以被同伴知晓的恶臭气味儿作为警示，不让自己的同伴步入陷阱。

碰上刺猬，狐狸会把蜷缩成一团的刺猬拖到水里后再攻击；如果看到河里有鸭子，它会故意向河里抛些草，当鸭子习以为常后，聪明的狐狸就偷偷衔着大把枯草作掩护，潜下水伺机捕食。

趣味阅读

中国古代史书记载了一个关于禹娶涂山女的著名神话。这个神话讲的是禹到涂山，途中见到一只九尾白狐，后来又听到涂山人唱的九尾白狐歌，他感觉到自己的婚姻就在这里，于是便娶涂山女为妻。神话中的九尾白狐就是涂山女变的，九尾白狐是涂山的灵兽，娶了涂山女为妻就可以永远幸福昌盛。

↓雪地上的狐狸

猫
——多彩的奇妙世界

☆门：脊索动物门
☆纲：哺乳纲
☆目：食肉目
☆科：猫科

猫是我们人类再熟悉不过的一种小动物了，它已经被人类驯化了几千年，但并没有完全被驯化。它是猫科动物中最温驯的一类，也是全世界人类家庭中极受欢迎的宠物之一。

猫的快乐世界

你知道猫抓老鼠时，为什么轻易不会被老鼠察觉？这是因为猫的趾底有脂肪质肉垫，所以走起路来没有声音。而且猫在捕捉老鼠时也不会把它惊跑，猫的趾端生有锐利的爪，其爪能够缩进和伸出。猫在休息和行走的时候爪常缩进去，只有在捕捉老鼠时才伸出来，这样可以避免在行走时发出声响，防止爪被磨钝。

猫的牙齿分为门齿、犬齿和臼齿三部分。其中犬齿较发达，极其尖锐，是咬死鼠类的好工具；臼齿的咀嚼面有尖锐的突起，则适于把肉嚼碎；而门齿相对来说就没多大作用了。

猫是夜行动物，为了在夜间能看清事物，所以喜爱吃鱼和老鼠。这是因为鱼和老鼠能提供大量的牛磺酸，而猫就需要这个来满足自己的需求。

猫的视力有多好

猫的视力很好，所以很机敏。这是因为长在头前方的猫眼睛视野很广，可达到285度，而猫的脖子又可以自由转动。这让猫可以在任何时间和地点，都能更好地采取各种攻击和防御措施。

猫在白天的视力是最好的，到了夜间，只要有微弱的光线，它们的瞳孔便能极大地散开，可扩散到最大的限度。猫的眼睛可将微弱的光线放大40~50倍，因而可以看见黑暗中的东西。

然而，如果是在完全没有光线的地方或黑暗的夜里，灵敏的猫眼睛却是什么也看不见的。虽然有很好的视力，但猫却是红色色盲，看不见红色，但是这并不影响它们吃红色的肉。

贪睡任性的猫

猫是极其贪睡的小动物，它在一天中有半天是处于睡觉状态的，每天大概有14～15小时的时间是在睡觉。睡20小时以上的猫，被称为“懒猫”。但是睡眠中的猫是很警惕的，只要有点声响，猫的耳朵就会动，有人走近的话，它就会腾地一下子起来。

猫显得有些任性，向来我行我素。它不将主人视为君主，不会对其唯命是从。有时候，你叫它，它就当做没听见，你拿它也没有办法。但是宠物猫却把主人看作父母，常会在主人面前像小孩一样撒娇。它觉得寂寞无聊时会爬上主人的膝盖，或是做些可爱的小动作来吸引你的注意。

不知道你有没有注意过，猫是很爱干净的动物。它会经常清理自己的毛，饭后常会用前爪擦擦胡子，小便后用舌头舔舔肛门，被人抱后用舌头舔舔毛等，这些都是自我清洁的小动作。猫的舌头上有许多粗糙的小突起，这是除去脏污最合适不过的工具。

猫与人的对话

你知道猫是怎样和人对话的吗？猫和人的对话是用叫，它的叫声不仅能传递信息，而且还能表达感情。宠它的主人便可通过观察、判断来读懂它，和它进行交流。

另外，猫还可通过耳、尾、毛、口、身子等肢体语言来表达自己的心情和欲望。如猫在你面前张大嘴巴则表示信任；如果它不停地用头蹭你的话则表示亲热；而如果它把从嘴边分泌出来的一种气味蹭到你身上的话，就表示它想把你占为己有等。总之，猫对人类表达感情的方式有很多。

猫还是懂得报恩的呢！一般猫在临死前会回到它的主人家“道个别”，然后找个没有人知道的地方，悄悄地死去。这样的小动物真的很让人怜爱！

知识链接

猫是鼠类的天敌，可以有效减少鼠类对青苗等作物的损害，所以我们要注意对猫的保护。假如猫从高处掉下或者跳下来的时候，不要拽猫的尾巴，这样会影响它的平衡能力，也容易使猫拉稀，减短猫的寿命。猫舔毛容易把一些脱落的毛吃进去，时间长了，那些毛就会在猫的身体里面越聚越多，会造成危险。如果它在你看见的情况下吐而没有毛的话，可能就有问题了，需要你多加关注了。

↓猫

狗
——人类忠实的朋友

☆ 门：脊索动物门
☆ 纲：哺乳纲
☆ 目：食肉目
☆ 科：犬科

狗是人类最忠实的朋友，它与人类之间的深厚感情可以追溯到几千年前。它是人类最早驯化的动物，是从灰狼驯化而来的。狗最大的优点就是忠诚，当主人遇到危险时，它会及时出现，挺身而出。而且即使是跟在最贫穷的主人身边，它也不会嫌弃主人而离开他。这样善解人意的小动物，也难怪人类会把它当成最好的朋友。

狗狗习性俱乐部

狗在我们的生活中很常见，很多家庭里都有喂养。但你注意过狗的一些习性吗?

狗喜欢啃咬，喜欢吃些小骨头。它有独特的自我防御能力，如果是吃到有毒的食物后，它能立刻做出反应，会把有毒的食物呕吐出来。小狗在炎热的夏季，喜欢大张着嘴巴，垂着很长的舌头，你知道是为什么吗?其实它是在用自己的方式来散热，伸出舌头则可以靠唾液中的水分蒸发来散热。

狗是很机灵的动物，通常它在卧下的时候，总是会警惕地在周围转一转，看看四周有没有什么危险，确定没有危险后，才会安心睡觉。

嫉妒心很强的小狗

忠实温顺的小狗其实有很强的嫉妒心。当你把注意力放在新来的狗身上，忽略了对它的照顾时，它就会觉得失宠了，会变得异常愤怒，不遵守已养成的生活习惯，变得暴躁而且具有破坏性。

当然它还有和人类一样所谓的虚荣心呢！狗喜欢主人的称赞表扬，当它办一件好事，你拍手赞美它、抚摸它的时候，它就会像吃了一顿丰盛美餐一样高兴。

可爱的小狗还具有害羞心，如果它觉得做错了事或者是毛被剪得太

短，形象受损，它就会乖乖地躲在一些地方不出来，等到实在是肚子饿了才会出来。很有意思吧？

狗的记忆力有多强

狗作为人类忠实的好朋友，在认识人这方面有很好的记忆力。它对于曾经和它有过亲密接触的人，似乎都有一种特殊感情，它不会忘记主人的声音。

关于这点也有其他的说法，认为狗是靠它的感官灵敏性，来识别熟人的声音和认识的地方。狗在行走的时候，常喜欢嗅闻一些东西，比如说新的食物、毒物、粪便、尿液等，这些都有可能是它的领地记号。

而狗在外出漫游时，常常会不断地小便或蹲下大便，把它的排泄物布撒路途。而它就是依靠这些“臭迹标志”来行走的。

狗的睡眠情况怎么样

狗的睡眠情况不一样。年轻的狗睡眠时间少，而年老和幼小的狗睡眠时间则较长。它们一般都是处于浅睡状态，睡眠时不易被熟人和主人所惊醒，但是对陌生的声音却是很敏感的。

狗在睡觉的时候，总是喜欢把嘴藏在两只下肢下面，这是因为狗的鼻子嗅觉特别灵敏，这样做是在保护它的鼻子。同时也是在警惕四周的情况，以便随时做出反应。

睡觉的狗如果被吵醒，得不到充足的睡眠，它的工作能力就会明显地下降，而且情绪也会变得很坏。所以有的时候，小狗在闹情绪，或许就是因为你把它吵醒了哦！

扩展阅读

狗有时会吃草，但其吃草的原因不是像牛和马那样为了充饥，狗吃草，是为了清胃。所以有时候，狗会吃草，但吃得很少，偶尔也吐掉。

↓巴哥狗

老虎
——勇猛的森林之王

☆门：脊索动物门
☆纲：哺乳纲
☆目：食肉目
☆科：猫科

老虎和猫一样都是猫科动物，很惊讶吧！这两种体型相差这么大的动物居然是属于同一科。而事实就是这样，老虎拥有猫科动物中最长的犬齿、最大号的爪子，以及最强大的力量和最快的速度，它一次跳跃最长可达6米。它是亚洲陆地上最强大的食肉动物之一，是当今亚洲现存的处于食物链顶端的食肉动物之一。

生性低调凶猛的老虎

贵为森林之王的老虎是森林中个个惧怕的大王，它生性低调、谨慎凶猛、攻击力极强。它一旦发起威来将势不可挡，是自然界中无可对抗的天敌，而它只主动回避人类。

老虎有很强的环境适应能力，只要是有充沛的食源、水源、利于隐蔽的环境这三个条件，虎一般都能生存。虎食量非常大，多以大中型食草动物为食，有时也会捕食其他的食肉动物，如攻击或捕杀亚洲象、犀牛、鳄鱼、熊等动物。而且捕获猎物时极其凶猛，很少有逃得过它的掌心幸存下来的。

所以在它生活的领地范围内，其他的食肉动物豹、狼、熊群等都会受到一定压制，因此对生态环境有很大的控制调节作用，同时对猎物的数量变化也起到一些作用。

↓老虎

老虎会洗澡会爬树

老虎其实有很高的游泳技术，特别是母老虎。它们要洗澡，是因为经常要渡过河流、小溪到对岸去捕捉猎物。特别是在天气炎热的夏季，为避免中暑，它们通常很乐意在河中泡个澡，嬉戏凉爽。尽管它们很善于游泳，但在下水前，往往还会小心翼翼地用前爪慢慢地试探水面，就像怕水的小猫。

老虎会爬树的技巧也是很有意思的。老虎属猫科动物，猫会爬树，老虎自然也会爬树。只不过会爬树的这个优势被老虎掩盖了，这是因为它完全可以凭借自身的优势，在平坦的大地上过着舒服的日子，不用去冒那摇摇欲坠的爬树风险。只有在迫不得已的情况下它才显现出这种本能。

万兽之王——东北虎

东北虎产在我国东北地区、俄罗斯西伯利亚东南部和朝鲜北部。它是体型最大的猫科动物，是虎中真正的“万兽之王”。

东北虎是老虎中最大且最漂亮的一个亚种，它喜欢单独生活，常在夜间活动，和其他的虎一样善于游泳，6000米～8000米宽的河，很容易渡过。

东北虎靠视觉和听觉进行捕猎。它捕猎时会小心潜伏，慢慢地靠近猎物。走到跟前时，便会突然猛捕先咬住猎物颈背要害部位，将其弄死，之后拖到隐蔽处再吃。其主要野外捕食对象为野猪、马鹿、驼鹿、狍子、梅花鹿、斑羚等有蹄类动物。

性格孤僻的华南虎

华南虎又叫中国虎，它是我国的特产，主要分布在华南、华东、华中三个地理区域，野外生存的较少。华南虎性格孤僻而凶猛，其生活习性和东北虎相似，在野外主要捕食野猪、黄猄、水鹿、毛冠鹿等动物。

华南虎属我国一级保护动物，目前已面临灭绝，它也是世界最濒危的动物之一。目前我国只有70多只圈养华南虎，全部都是由6只华南虎种虎繁衍的。

扩展阅读

虎被看做是勇猛的象征，其象征意义在中国及亚洲文化中都有体现。早在5000年前的印度河古文化中就发现有雕刻在图章上的虎的形象；印度教中有一个骑虎的女神杜伽；韩国的野生虎虽然已经灭绝，但韩国人仍称自己的国度为“青龙白虎之邦”；在中国，虎的形象更是随处可见，它在十二生肖中排名第三位；殷墟甲骨文中就有虎字；据说汉字中的“王”就来自于老虎前额上的斑纹，民间还有许多成语、俗语中都有虎的出现。

猴子
——可爱的机灵鬼

☆门：脊索动物门
☆纲：哺乳纲
☆目：灵长目
☆科：猴科

猴子作为一种被人们熟知的动物，给我们的感觉就是机敏、聪明、可爱、搞怪。它是灵长目众多动物的一个统称，它大脑发达，是动物界较高等的类群。

猴子的神秘世界

猴子的家族有很多成员，占绝大多数的灵长类动物过的是不同形式的树栖或半树栖生活，只有环尾狐猴、狒狒和叟猴等一些动物是喜欢地栖或在多岩石地区生活。

它们通常以小家的形式进行活动，也有的是结大群活动。猴子多数可以站着直立行走，但行走的时间不会太长。它们多在白天活动，但像指猴、夜猴、一些大狐猴等是选在夜间活动的。

猴子多为杂食性动物，吃植物性或动物性食物，不同的猴子喜欢吃不同的食物。

叫声如婴儿哭声的是哪一种猴子

猴子的家族成员里有一种叫做婴猴的猴子，它是原猴的一种，也叫丛猴。因为它在夜间会发出婴儿啼哭般的叫声，因此而得名。

丛猴只分布于非洲大陆，虽然分布范围较为狭窄，但是它有很强的环境适应能力。丛猴善于跳跃和攀爬，为杂食性动物，有些种类是以昆虫为主食，而有些则以果实为主食。丛猴体型如猫，大小和松鼠差不多，眼睛又大又圆，耳朵长得像蝙蝠。

有一种环尾狐猴不仅像猫，而且还会发出猫一样的叫声。它们多是成群活动，用四肢走路的，其大部分时间都是在地面上打闹玩耍。它们身上长有三处臭腺，以分泌物来作为通路和领地的记号，同时还可作为攻击敌人的武器。它是唯一主要在白天活动

的狐猴，但是目前也濒临绝种。

世界上最小的猴子

侏狨是全世界已知的200多种猴子中最小的一种。长大后，它的身高也只有12厘米多一点，还没有一只松鼠大，体重在48～79克之间。它不仅是世界上最小的猴子，而且还是最小的灵长类动物。

侏狨的毛很密，均呈丝状，主要生活在美洲热带的丛林里。侏狨行动灵巧且急促，常在夜间成小群活动。除了吃植物外，还捕捉蛾子、蝇类、蜘蛛等昆虫，为杂食性动物。除此之外，有意思的是侏狨还非常喜欢吮吸树液。

世界上最懒惰的猴子

堪称猴子界中最懒的一类猴子是懒猴，又叫蜂猴、风猴。该猴分布在我国的云南和广西，数量稀少，目前濒临绝灭，属国家一级保护动物。

懒猴是较低等的猴类，其体型较小且行动迟缓，挪动一步几乎需要12秒钟的时间。它只有在受到攻击时，速度才有所加快。懒猴畏光怕热，所以白天在树洞、树干上抱头大睡，夜晚出来觅食，主要以植物的果实为食，也捕食昆虫、小鸟及鸟卵。

懒猴虽然行动缓慢，却也有保护自己的绝招。由于它一天到晚很少活

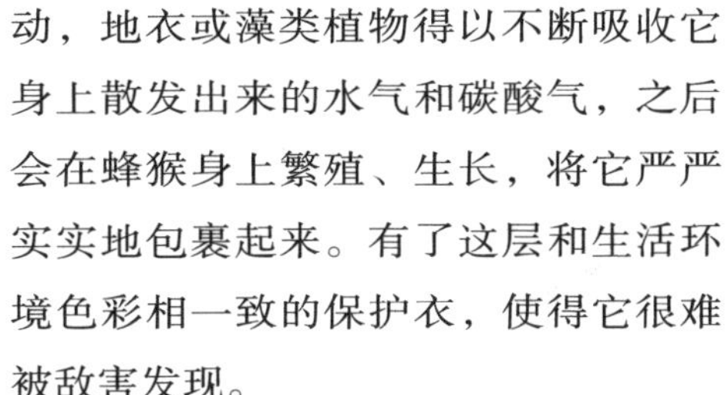

动，地衣或藻类植物得以不断吸收它身上散发出来的水气和碳酸气，之后会在蜂猴身上繁殖、生长，将它严严实实地包裹起来。有了这层和生活环境色彩相一致的保护衣，使得它很难被敌害发现。

懒猴是极其危险的一类动物，千万不要被它那双水汪汪的无辜大眼睛欺骗了。它能够从肘部释放毒素，是世界上仅有的有毒哺乳动物之一。当懒猴准备好去咬别的动物或者是舔舐皮毛防止攻击时，会将毒素含在嘴中。对于人类而言，这种毒素可能会导致人发生过敏性休克而死亡。

↓金丝猴

大熊猫
——集万千宠爱于一身

☆门：脊索动物门
☆纲：哺乳纲
☆目：食肉目
☆科：熊科

大熊猫是国家一级保护动物，是中国的国宝。大熊猫身型庞大，形体似熊，头大而圆，身体肥胖，略显笨重，但却极其可爱。它有着独特黑白相间的毛色，深受人类喜爱。

“国宝”名号的由来

大熊猫是国家公认的国宝，它是全世界公认的自然遗产和活化石。大熊猫祖先出现在洪积纪早期，距今已有八九百万年的时间。大熊猫的化石仍保持原有的古老特征，具有很大的科学研究价值，因而被誉为“动物活化石”。研究大熊猫对研究整个生物进化具有极其重要的意义。

大熊猫以其独特、可爱、美丽的形象深得人们喜爱，它是哺乳动物中最能吸引人注意的动物之一。别看它样子笨重，但却拙得可爱。它形态独特，黑白相间，外貌美丽，看起来温驯憨厚，其笨重的样子又显得顽皮淘气，极具亲和力，对人类没有伤害，看到它可爱的样子，让人忍不住想靠近它。

目前世界上现存的大熊猫数量已经非常稀少，仅分布于中国的陕西秦岭南坡、甘肃南部和四川盆地西北部高山深谷地区，是世界上最为珍稀的动物之一，是国家一级保护动物，有“中国国宝”之称。

大熊猫的快乐生活

居住在高山深谷的大熊猫们是一种喜湿性的动物，它们多活动在坳沟、洼地、河谷等地段，一般是在温度20℃以下的缓坡地形。这些地方具有优良的生存条件，食物、水源、气候各方面都很充足、丰富。喜欢居住在海拔2400~3500米的高山竹林中，是因为这里生活环境湿度很大，温差也比较大，适于熊猫们快乐生活。

笨大的熊猫常过着独栖生活，

昼夜兼行。熊猫们很能吃，日食量很大。它们是典型的素食主义者，几乎99%的食物来源都是高山深谷里生长的竹类植物，几乎包括在高山地区可以找到的各种竹子。

大熊猫的主食——竹子

大熊猫爱吃竹子，但竹子却缺乏营养，只能简单地提供一些生存所需的基本营养，而大熊猫逐步进化似乎适应了这一饮食的特性。在野外，除了睡眠或短距离的活动外，它们平均每天进食的时间长达14个小时。一只大熊猫每天可进食12~38千克食物，这种数量几乎接近其体重的40%。

竹子虽然营养不多，但大熊猫们却会将其作用发挥到最大，它们专吃竹子中最有营养、含纤维素最少的部分，如嫩茎、嫩芽和竹笋。

在熊猫生存的地方，周围至少要有两种竹子。竹子通常每30 ~ 120年会有一次周期性的开花死亡，当一种竹子经历开花、死亡时，大熊猫可以转而取食其他的竹子。但是，栖息地破碎化的持续状态增加了栖息地竹子死亡的可能，只存有一种竹子。当一种竹子死亡时，毫无疑问，这一地区的大熊猫将会面临饥饿的最大威胁。

大熊猫偶尔也食肉，如动物的尸体、竹鼠等，它们的日食量很大，每天还要到泉水或溪流旁饮水。熊猫们的生活真是悠然自得，其乐无穷！

趣味阅读

西藏流传着一个美丽的神话传说，传说有四位年轻的牧羊女为从一只饥饿的豹口中救出一只大熊猫而被咬死了。这事传到了别的大熊猫耳朵里，于是它们决定为这四位女孩举行一个葬礼。那时，大熊猫浑身雪白，没有一块黑色的斑纹，于是为了表示对死难者的崇敬，它们都戴着黑色的臂章来参加葬礼。在这场葬礼上，大熊猫们悲伤得痛哭流涕，它们的眼泪竟与臂章上的黑色混合在一起淌下，它们一擦，黑色却染出了大眼圈。悲痛至极，它们揪着自己的耳朵抱在一起哭泣，结果身上就出现了黑色斑纹。

大熊猫们不仅将这些黑色斑毛保留下来作为对四位女孩的怀念，同时，它们还教育自己的孩子记住所发生的一切。它们把这四位牧羊女变成了一座四峰并立的山，这座山峰就矗立在四川卧龙自然保护区附近。

↓大熊猫

针鼹
——神奇的“育儿袋”

☆门：脊索动物门
☆纲：哺乳纲
☆目：单孔目
☆科：针鼹科

在澳大利亚塔斯马尼亚岛上和伊里安岛上，生长着一种奇异的动物。它身上长着刺，外形像刺猬和豪猪，身长约50～70厘米；它长有一个细长的嘴巴，四肢粗且壮，看上去就像一只玩具小象；它的舌头细长，没有牙齿，上面长有倒钩，带有黏液，可伸出嘴很远粘捕食物，看起来又有些像食蚁兽。这种动物叫针鼹。

针鼹的“育儿袋”

针鼹虽是哺乳动物，却是通过下蛋繁殖后代的。但它的蛋和鸟蛋不一样，它的蛋外壳虽柔软，却很结实。到了每年的繁殖季节，雌兽腹部上会长出一个临时的育儿袋，它是为“育儿”专门存在的。一旦过了繁殖期，这个育儿袋就跟着消失了。

针鼹每次只产一枚蛋，其蛋内只有蛋黄，没有蛋清。当母兽产下蛋后，腹部会着地，然后用嘴巴将蛋推进袋里。蛋会在袋内慢慢孵化，随后不久，袋内就会有一只勇敢的小针鼹破壳而出了。

值得一说的是母针鼹们没有乳头，但是育儿袋内长着毛穗的地方长有乳腺，可分泌乳汁，刚出生的小针鼹本能地用嘴在那里不断地吮吸，然后一天天长大。

等到小针鼹的刺变硬了，就会自动离开育儿袋，钻进洞穴，改为在家里等待外出觅食的妈妈回来喂奶。母针鼹的育儿袋失去了作用，随后也就慢慢消失了。

针鼹的三大护身符

针鼹们在险象丛生的大自然里，拥有一套很好的求生本领。我们都知道针鼹的外貌长得像刺猬，但是这些刺并不是牢牢地长在身上的，不要觉得这样就没什么作用了。当针鼹遇到敌害侵犯时，这些带有倒钩的刺就会像飞箭一样飞速地射向敌害体内，一段时间以后，脱落处又会长出新的针刺。它身上短小而锋利的棘刺是它遇敌不怕的护身符。

在御敌时，针鼹还有两个绝招。首先是当它受到惊吓时，会像刺猬那样，迅速地把身体蜷缩成球形，于是呈现给敌人的只是一只没头没脑的"刺毛团"，让敌人很难下手。

另一个就是它短而有力的四肢，长有五趾或三趾，趾尖都是锐利的钩爪，能快速挖土。遇到敌害时，它能以惊人的速度掘土为穴将自己的身体埋入地下，在洞内紧缩着身子，竖起背上的尖刺挡住洞口，令敌人不敢轻易来犯。此外，其锐利的钩爪还能钩住树根，或者落入岩石缝中，使对方无法吃掉它，对它也奈何不得。

针鼹的长寿纪录

针鼹多在夜间活动，栖息于灌木丛、草原、疏林和多石的半荒漠地区等地带，白天隐藏在洞穴中。虽然它的眼睛很小，视力欠佳，但是它能敏锐地察觉土壤中轻微的震动。它们主要以白蚁、蚁类和其他虫类为食。在所有的哺乳动物中，针鼹可以算是长寿的动物，它的寿命应该超过50年。

有记录表明，伦敦动物园里有一只针鼹，活了30年8个月，而在柏林动物园有活到36岁的最高纪录。美国费城动物园的一只针鼹，从1903年活到1953年，共生活了49年9个月，这个年龄还没算上它被送到动物园时的年龄。

扩展阅读

针鼹科里共有两种，即针鼹（或称短吻针鼹）和原鼹（或称长吻针鼹）。其中，短吻针鼹又称刺食蚁兽，身上长有毛和棘刺，以白蚁等为食，擅长挖掘。短吻针鼹也有育儿袋，卵是直接产到育儿袋中孵化，孵化后的幼兽会继续在袋中生活一段时间。长吻针鼹的体型几乎比短吻针鼹大一倍，是最大的单孔目成员，身上的刺短而且稀疏，毛发则比较多。

↓针鼹

象
——雄健强壮的动物

“象”这个词运用广泛，向来话题不断，古人有“曹冲称象”的故事，想必大家都已耳熟能详了吧！象是雄健强壮的象征，是力大无穷的象征，它曾经作为战场上的作战部队，参加了很多战争。它有十分丰富的内心世界，它有喜怒哀乐，会款款交谈。它富有极强的正义感，它对伤害它的人报复起来从不手软……它是地球陆地上最大的哺乳类动物，多产在印度、非洲等热带地区。

身形巨大的象

大象可以用庞大这个词来形容，是的，它很巨大。它肩高约有2米，体重为3～7吨。头大，耳朵更大，像扇子；其四肢粗大，远远地看起来，像一个个圆圆的大柱子支撑着巨大的身体；不知道是不是因为身形庞大的原因，它的膝关节不能自由弯曲。

象能适应多种栖息环境，尤其喜欢丛林、草原和河谷地带。体型巨大的它们则过着群居的生活，雄象偶尔会有喜欢独栖的。它们以植物为食，日食量很大，平均每天要吃掉225千克以上的食物。相对来说，其寿命在动物界中也是惊人地长，可活约80年。

大象复仇

现代的象是由始祖象进化而来的，群居性动物，以家族为单位。雌象是象族的首领，每天活动的时间、行动路线、觅食地点以及栖息场所等都是由雌象来负责指挥的。而成年的雄象则只承担保卫家庭安全的责任，它们中如果有象受到欺负了，其家族就会联合起来商讨方法报仇雪恨。

关于大象报仇的故事有很多。有一次，在印度的一个裁缝店里，突然伸进了一个大象鼻子。裁缝以为大象要伤害他，于是便拿针刺了一下象鼻子，受伤的大象负痛走了。几个月后，没想通的大象再次来到裁缝店，

找裁缝报仇，它再次将长鼻伸进窗中，狠狠地喷了裁缝一身水。

在云南西双版纳的刮风寨，一次几个猎人打死了一头小象，气得母象极度悲痛发狂。它悲愤地用鼻子抚摸小象的伤口，高声咆哮着狂奔乱跑，拱倒了许多小树发泄怨恨。但这些并不能满足受伤的母象，两天以后，母象带着十几头大象来到刮风寨报仇雪恨。

当天，幸好好多猎人和青壮年都外出干活了，没找到复仇对象的大象便拿竹楼出气，结果十几头大象把整个寨子弄得天翻地覆。但是大象们却是恩怨分明的，它们没有残害一个老人、孩子和妇女，它们只是捣毁寨子，发泄完后便大摇大摆地离去了。

当之无愧的健美冠军

如果说发达的肌肉是健美的象征，那么大象是动物中当之无愧的健美冠军。这位身体魁伟的大力士，光是那根可以轻易抬起树木，又能灵巧地拾起一枚钉子的大鼻子就有 4 万块肌肉，这个巨大的数量相当于人体肌肉总数的70倍，很神奇吧！

↓非洲象

象的大脑重量虽然只占自身体重的0.08%，但这并不表示它很笨，相反，身形庞大的它是很聪明的。首先它会灵活使用工具，如用鼻子抓住树枝搔痒。象会“踢足球”的历史远远早于人类。幼象会用一些柔韧植物的根茎裹上泥土，制成大球，津津有味地在河边平缓的空地上踢着玩。

对于旁人来说，翻山越岭寄东西是件很有难度的事，而在东南亚各国，大象却是翻山越岭的理想邮差。在别人看来很难的事，在它只是“举脚之劳”，它能很轻松就攀上45度的陡坡。86头训练有素的大象，终年穿行在缅甸哈卡—皎托—洞鸽一带的邮路上，形成了举世闻名的“象邮之路”。

大象是站着睡觉的，它们的睡眠时间很短，一天不超过两三个小时，而且它们能连续两天不睡觉。怎么会有这么好的精力呢？真令人不可思议啊。

象真不愧是最有话题的一类动物。

老鼠
——我的世界学问多

☆门：脊索动物门
☆纲：哺乳纲
☆目：啮齿目
☆科：鼠科

小不起眼的老鼠在中国可是位居“四害”之列的，被人们所痛恨，早已被判处“死刑”。但凭着顽强的生命力，老鼠家族还是生存了下来，而且还颇为兴旺。有些国家还看上了老鼠的“特异功能”，对之加以利用。美国和以色列已建立了训练和运用老鼠的“老鼠部队”。

小世界大学问

老鼠自古以来就被冠上“可恶至极”的称号，不仅是因为它“贼眉鼠眼”，更是因为“无恶不作”。老鼠本领很大，会打洞、上树，会爬山、涉水，而且还会糟蹋粮食、传播疾病。它几乎什么都吃，在什么地方都能住，这是一个打而不死，击而不破的动物家族。

关于老鼠有很强的环境适应能力这一说法，有一个例子可以说明。1945年，美国在广岛和长崎投下的两颗核辐射超强的原子弹，对当地的人民和生态环境造成了极为严重的破坏，数以万计的人死于这场灾难，很多地方由于核辐射的超强威力而在较长时间内寸草不生。然而战后的人们却惊奇地发现，那里生存的老鼠几乎没有受到核辐射的影响，它们都没有畸形，而且能正常地生育。

老鼠的文化地位

众所周知，老鼠自古口碑不佳，相貌也不讨人喜欢。但从社会、民俗和文化学的角度来看，它早已脱胎换骨，演化成一个具有无比灵性聪慧神秘的小生灵。我国民间早曾流传着所谓“四大家”“五大门”的动物原始崇拜，即对狐狸、黄鼠狼、刺猬、老鼠、蛇的敬畏心理。人们普遍认为，这些动物具有非凡的灵性，代表着上天和鬼神的意志。此外，老鼠在中国传统的十二生肖中排名第一，鼠文化使其变得越来越神秘可爱。老鼠有两个象征意义，一个是灵性，包括机警和性情通灵两个方面。鼠嗅觉敏感，胆小多疑，警惕性很高，加上它的身体十分灵巧，能穿墙越壁，奔行如飞，且不怕高，还有超强的游泳本领。

第二个象征意义就是生命力强。一是指它的繁殖力强，成活率高，如一只母鼠在自然状态下每胎可产出5~10只幼鼠，最多的可达24只；二是指妊娠期只有21天，母鼠在分娩当天就可以再次受孕，幼鼠只需要30~40天就可发育成熟，且成熟后的雌性即可加入繁衍后代的行列。

老鼠喜欢吃什么

夜出昼伏的老鼠仅凭嗅觉就知道哪里有什么食物，它非常灵活且狡猾，活动起来总是鬼鬼祟祟的，在任何有需要的地方都可钻洞作为一个家。它有很强的记忆力，它的食性很杂，爱吃的东西很多，几乎人们吃的东西它都吃，酸、甜、苦、辣全不怕。但众多可以吃的东西中，最爱吃的是粮食、瓜子、花生和油炸食品。一只老鼠一年大约可吃掉9000克粮食。

↓老鼠

鼠族之千奇百怪

老鼠的家族庞大且成员繁杂，其家族成员的怪闻足以让你目瞪口呆。在非洲有一种踩不死的老鼠，它全身肌肉、骨骼都很柔软，五脏位于下腹，如果用脚踩上去，它的脊骨和五脏就会分别挤向两边，全部重力都由肌肉承担。稍一抬脚，它便可溜之大吉，踩也踩不死。

在俄国的雅库特地区，有一种不怕寒冷的野鼠，在零下 7 ℃的严寒气流下，钢铁都会像冰一样脆，可这种野鼠却怡然自得。

美国有一种老鼠不怕摔，就算是从摩天大楼顶上使劲往下摔，它依然安然无恙。

都知道猫吃老鼠，可是你听说过老鼠吃猫吗？非洲有一种老鼠，专门吃猫。猫见了它就害怕，并且变得痴痴呆呆，浑身无力，任凭老鼠从容地咬破喉管，吸饱血液而去。这是因为老鼠一见到猫，就从嘴边的一层硬壳上分泌出一种“迷魂”气体，猫一嗅到，便会失魂落魄，迷迷糊糊，任凭这种食猫鼠摆布而无还手之力。

美洲沙漠中生活着一种加鲁鼠，它一生中可以不喝一滴水。平时，从多汁的草或仙人果浆中获得水分，并在体内储藏，到只能吃植物干种子的季节，又可将其中的水分释放出来，以分解种子的糖分。

有一种“畏罪自杀”的老鼠生活在我国东北的大兴安岭林区，它是一种富有“武士道”精神的老鼠。当它们看到偷回的粮食被人挖走时，会自觉“羞愧”，一个个爬到小树上，找一个树杈，把脖子伸进去，身体和四肢垂下，上吊自杀。

趣味阅读

十二生肖中鼠的来历

鼠在中国传统的十二生肖中排名第一，这有一个传说。传说有一天玉皇大帝要排十二生肖，定下了牛、虎、兔、龙、蛇、马、羊、猴、鸡、狗、猪、猫，玉皇大帝让它们第二天来排名次。那时的猫和老鼠是好朋友，猫对老鼠说：“明天你要早点儿喊醒我，我是十二生肖之一，要早点儿去排名次。”老鼠满口答应了。

但是到了第二天，老鼠很早就醒了，却没有喊醒猫，而是自己上天了。它向玉皇大帝说了猫的不是，说它很懒，现在还在睡觉。玉皇大帝一看，猫果真在睡觉！于是勃然大怒，一气之下，下令猫永远不许再上天，并让老鼠顶替了猫的位置。于是老鼠又要求排第一，争执不下，玉皇大帝让人类来评论。老鼠来到街上，从大街上跑过去，看见老鼠的人都大叫着：“大（打）老鼠啊，大（打）老鼠啊！”玉皇大帝听了，就把老鼠放在了第一位。

骆驼
——神秘的沙漠之舟

☆ 门：脊索动物门
☆ 纲：哺乳纲
☆ 目：偶蹄目
☆ 科：骆驼科

说起骆驼，人们总会不经意地就想起广袤无垠的大沙漠。世代生活在沙漠上的骆驼以其坚强的生命力而有“沙漠之舟”的称号。它在沙漠中忍耐着饥渴，辛勤地驮着人们横穿沙漠。骆驼按其身上长有的峰可分为两种，有一个驼峰的是单峰骆驼，有两个驼峰的是双峰骆驼。单峰骆驼比较高大，在沙漠中能走能跑，可以运货，也能驮人。而双峰骆驼相比之下，则四肢粗短，更适合在沙砾和雪地上行走。

骆驼耐渴的秘密

生长在沙漠上的骆驼和其他动物不一样，特别能忍饥耐渴，背负重荷，不论酷暑严寒，还是风沙漫天，它们都能安然穿越浩瀚无边的戈壁滩。在极为干旱的沙漠中，骆驼可连续几个星期不饮水，这是因为它的胃里有许多瓶子形状的小泡泡，这是骆驼贮存水的地方，这些“瓶子”里的水可使骆驼很长时间不饮水也不会有生命危险。而一旦遇到水草，它还可以大量饮水贮存。

另外，骆驼还有独特的肾脏，这个脏器不仅能集中尿素，而且还能集中盐分。骆驼能饮含盐量很高的水，而排尿量很少，这就节省了大量的水。还有它独特的鼻腔结构，也使得大量的水分被节约下来。这就是骆驼耐渴的秘密。

除此之外，骆驼还有耐饿的本领，它可以连续四五天不进食。这是因为它的驼峰里贮存着脂肪，这些脂肪在骆驼得不到食物的时候，能够分解成骆驼身体所需要的养分，供骆驼生存之需。

骆驼的沙漠求生本领

你相信吗？骆驼长有眼睫毛。是的，骆驼长有双重眼睑和浓密的长睫毛，其耳朵里还长有毛，能阻挡风

↑沙漠中的骆驼

沙进入。此外，它的鼻子还能自由关闭。这些独具特色的“装备”使得骆驼一点也不怕风沙，能够在贫瘠干旱的环境中依然泰然处之。当风沙起来的时候，它的两排眼睫毛可以很好地防止沙粒飞入眼内，它独特的鼻子也可在关键时候自动关闭。

软软的沙地，人脚踩上去很容易陷入，而脚掌扁平，脚下又有厚软肉垫子的骆驼，却能在沙地上行走自如，不会陷入沙中。骆驼厚实的皮毛，对保持体温极为有利，这使得它可以渡过严寒的冬天。

此外，常年在沙漠行走的骆驼还能准确感知沙漠里的天气，当大风快袭来时，它就会立刻跪下，旅行的人可以预先做好准备。骆驼虽然走得很慢，但可以驮很多东西，是沙漠里重要的交通工具，人们把它看做渡过沙漠之海的航船，因此有“沙漠之舟”的美誉。

人类忠实的战友

自古以来，骆驼就是人类的助手，军人的忠实战友。它是动物中的慢性子，走起路来不慌不忙，但它绝对可以算是负重赛跑的佼佼者，能背负千斤日行五六十千米。

当沙漠中出现大风沙时，它会自动卧下为主人挡风沙。当夜晚在沙漠中露营时，它们会团团跪成“圆阵”保卫主人，让主人钻在它们身下安然入眠。最让人佩服的是，无论风沙多大，路途多远，它们从不会迷路。另外，它还能“嗅”出好几千米外的水源。

至今，在中国人民解放军边防部队中仍有军驼服役，印度、巴基斯坦等国也都有数量可观的骆驼部队，中东一些国家已经将骆驼编入王家禁卫部队，并用骆驼追捕越境者和贩毒者。

长颈鹿
——动物界的“模特儿”

☆门：脊索动物门
☆纲：哺乳纲
☆目：偶蹄目
☆科：长颈鹿科

美妙的大自然中也有漂亮的模特儿，说起模特儿，就非长颈鹿莫属了。长颈鹿是一种生长在非洲的特产动物，是世界上最高的陆生动物，雄性个体可高达4.8～5.5米，雌性个体一般要小一些。它们主要分布在非洲的埃塞俄比亚、苏丹、肯尼亚、坦桑尼亚和赞比亚等国，生活在非洲热带、亚热带广阔的草原上。但是，长颈鹿的祖籍却在亚洲，有研究表明，长颈鹿起源于亚洲。

美丽的“模特儿”

大家都知道长颈鹿以其颈部特别长而得名，别看它有5米多高的个子，其实光颈部就有2米左右。它的长脖子在物种进化的过程中独树一帜，这样它们在非洲大草原上，就可以吃到别的动物无法吃到的较高地方的新鲜嫩树叶和树芽了，简直让其他的动物羡慕死了！另外，它的身高和长腿也是配套的“模特”身体，前腿长约2.5～3米，它高挑的身材是动物界中当之无愧的模特儿。

长颈鹿的个子实在是太高了，头部离地面很远，喝水时必须将前面的两腿分开，努力向下俯低身子才能勉强将水喝到口中。这时如果遇到危险，根本无法迅速站立起来。因此，它的很多天敌们就经常选择它们喝水时前来偷袭，看来它的高个子还给它的生活带来不少不便呢！

外貌奇特　沉默是金

身为动物界的模特儿，必定长有出众奇特的外貌，瞧瞧它的样子吧！美丽的长颈鹿长着毛茸茸的小角，一双长在头顶适宜远望的大眼睛，遍体布满棕黄色网状的斑纹。长颈鹿的祖先并不高，主要靠吃草为生。后来，自然条件发生变化，地上的草逐渐变得稀少，于是它们为了生存，必须努力伸长脖子吃高大树木上的树叶。经过一代代这样的延续，长颈鹿就变成现在这个样子了。

我们所看到的长颈鹿总是一副僵硬的表情，这是因为它们要经常咀嚼从树上摘下的树叶，其下颚的肌肉就会不停地运动，而脸部则因缺少运动而生长缓慢，时间长了，面部也就变得僵硬了。

长颈鹿喜欢群居，一般十多头生活在一起，有时多到几十头一大群。美丽的长颈鹿是一群胆小善良的动物，每当遇到天敌时，它们就会选择立即逃跑。它们能以每小时50千米的速度奔跑，当发现跑不掉时，它那铁锤似的巨蹄就是很有力的武器。

如此活泼可爱的长颈鹿却很少发

↓长颈鹿

出声音，因为它们没有声带，也许对于它们来说，沉默就是最好的语言。但是这并不代表它们就是哑巴，它们能发出一些声音，只不过很少出声而已。

动物界的“千里眼”

长长的脖子、高高的个子给长颈鹿带来了动物界里“千里眼”的光荣称号，因为它站得高望得远，又有很好的视力，“千里眼”称号当之无愧，谁叫它是动物界最高的动物呢！

长颈鹿的身高腿长还给它带来了跆拳道能手的称号，它的四肢可前后左右全方位地踢打，击打范围广，力量大，最大可达600千克。如果成年狮子不幸被它踢中，可就倒霉了，腿断腰折是避免不了的。所以，非洲狮一般不轻易攻击成年长颈鹿。

长颈鹿与大多数动物相比，步伐和步态有些特别。它们行走时一侧的前后肢向前挪动，而另一侧的前后肢着地，看起来样子很滑稽。虽然它们走路的样子难看，但是，它们奔跑起来，速度却极快。小长颈鹿在睡觉的时候，呈横卧而脖子朝后弯的睡姿，而成年长颈鹿睡觉时通常是站着并呈假寐的状态。长颈鹿的一生约有30年的美丽光阴。

知识链接

在每一只长颈鹿的头顶，都会长出短角，大多数长颈鹿都只长出一对角，也有长3、4、5只角的，但是这种情况稀少。这些角不是用来打架的，是玩耍用的。真正打架的地方是它那一双有力的后腿，这两条腿可以将狮子、豹子这些猎食者踢翻在地上，有时甚至还可以将猎食者踢死。

树袋熊
——就爱睡觉的小考拉

☆门：脊索动物门
☆纲：哺乳纲
☆目：有袋目
☆科：树袋熊科

模样憨态可掬的树袋熊又叫考拉、无尾熊、可拉熊，它是澳大利亚的一种特产珍兽，也是与国家级保护动物——大熊猫齐名的世界观赏动物，在国际范围内，所获荣誉不小。酷爱睡觉的树袋熊真是太能睡了，它们平均每天要抽出18个小时睡觉。它们也是极少喝水的，因为它们可从取食的桉树叶中获得所需的90%的水分。这么多的水分已经足够它们的需要，所以它们只是在生病和干旱的时候喝水。

美丽的树袋熊

美丽的树袋熊性情温顺，憨厚可掬，深受人们的喜爱。它身体长约70～80厘米，成年体重10～20千克，它憨厚的体态，酷似小熊；眼小而有神，没有尾巴，有一身又厚又软的浓密灰褐色短毛，胸部、腹部、四肢内侧和内耳皮毛呈灰白色；长有健壮有力的爪，能在必要时紧握树干，即使在树上吊着睡觉也不用担心会摔下来。

可爱的考拉们很喜欢晒太阳，经常会懒洋洋地趴在树上一动不动。它们多在桉树林间栖息玩耍，很少到地面走动，通常在夜晚出来活动。

树袋熊的习性

树袋熊喜欢独居，它们一生的大部分时间都生活在桉树上，但偶尔也会更换栖息树木。它们的肝脏十分奇特，能分离出桉树叶中的有毒物质。桉树叶是它们唯一的食物，其树叶里含有毒物质，而它们较长时间的睡眠可以消化掉这些有毒物质。

树袋熊种群之间的交流是通过发出的嗡嗡声和呼噜声完成的，有时也会通过散发的气味进行交流。白天，树袋熊通常将身子蜷作一团栖息在桉树上，到了晚间外出活动，寻找食物。它们的胃口特别大，却很挑食，700多种桉树中，只吃其中的12种，一只成年树袋熊每天能吃掉1000克左右的桉树叶。桉叶汁多味香，含有桉树脑和水茴香萜，因此，树袋熊的身上总是散发着一种馥郁清香的桉叶香味，闻起来让人感觉舒服极了。

树袋熊的寿命在20年左右，幼仔和妈妈的关系很好。它刚出生时比人的小手指还小，像条小爬虫，两眼紧闭，只依靠感觉寻找妈妈的育儿袋。6个月后，小幼仔全身会长出毛，这时它们从育儿袋里钻出来，趴在妈妈的脊背上玩耍。如果幼仔淘气不听话，妈妈就会轻轻拍打它的屁股。长到4岁左右，小树袋熊就会离开妈妈独立生活了。

树袋熊为什么喜欢睡觉

树袋熊在动物界里是出了名的能睡，它一天要睡18～22小时，剩余的时间不是在爬树就是在吃食。

树袋熊如此爱睡觉，是因为所食的桉树叶里含有的营养成分不够充分，不足以保证树袋熊拥有充沛的体力和精力。虽然它一天能吃掉500克的桉树叶，但是这点营养并不足以维持它一天所需要的能量。所以为了避免出现体力透支的现象，它除了将行动速度放慢外，每天还必须补充大量的睡眠时间。

虽然树叶让树袋熊变得如此慵懒，但是树叶却可以为它带来充沛的水分，这样它就不用时常喝水了。其名字“考拉”的土著语的意思就是“不喝水”。

扩展阅读

4500万年以前，在澳洲大陆脱离南极板块逐渐向北漂移的时候，考拉或类似考拉的动物就已经开始进化了。目前有化石证明，在大约2500万年前，类似考拉的动物就已经存在于澳洲大陆上了。随着漂移的过程，气候开始剧烈变化，澳洲大陆变得越来越干燥，桉树、橡胶树等植物也开始改变并进化，而考拉则开始变得依赖于这些植物。20世纪40年代，考拉曾被认为灭绝了。

↓树袋熊（考拉）

鸭嘴兽
——一种足够神奇的动物

☆门：脊索动物门
☆纲：哺乳纲
☆目：单孔目
☆科：鸭嘴兽科

鸭嘴兽历经千万年的时间，既没有灭绝，也没有多少进化，始终在一个“过渡阶段”徘徊着，真是奇特又奥妙，充满了神秘感。鸭嘴兽是全世界仅有、澳大利亚独产的动物，但因多年的滥捕追杀，使得其种群严重衰落，曾一度濒临灭绝。它是极少数可以用毒液自卫的哺乳动物之一，是相当珍贵的单孔目动物。

奇特的怪样子

鸭嘴兽曾被人惊呼为“不可思议的动物”，凡见过鸭嘴兽的人都说它长得实在太怪异了。鸭嘴兽长约40厘米，全身裹着漂亮而柔软的灰色绒毛，可与我国的特产水獭相媲美；长有一个平而扁的阔嘴巴，嘴内有宽的角质牙龈，但没有牙齿，尾大而扁平，占体长的1/4，在水里游泳时可起着相当于舵的作用。

雄性鸭嘴兽后脚有刺，里面存有毒汁，几乎与蛇毒相近，这种毒液可伤人。人如果受到毒刺刺伤，就会引起剧烈疼痛，要数月才能恢复，这是它强有力的“护身符”。雌性鸭嘴兽在出生时也有剧毒，但在长到30厘米的时候剧毒就自动消失了。

鸭嘴兽实在是很怪的“不伦不类”的动物。它是靠下蛋繁殖后代，其孵出的后代又是靠哺乳喂养的，所以既不能说是兽类，也不能说成是爬行动物，真是奇怪。将它列为哪一类，曾是生物学家极为纠结的难题。后来，经过一系列的争论，决定将它列为哺乳类，称它为“卵生哺乳动物”。

鸭嘴兽的多样习性

鸭嘴兽为水陆两栖动物，平时喜欢穴居水畔，长期的水畔居住使得鸭嘴兽有很强的游泳本领。游泳时它会用前肢蹼足划水，靠后肢掌握方向，捕食河中的水生动物呢，真是忙得不亦乐乎！

鸭嘴兽大部分时间都是生活在水里，其带有油脂的皮毛可使得它在较冷的水中仍能保持温暖。在水中游泳时它是闭着眼的，靠独有的讯号及其触觉敏感的鸭嘴寻找在河床底的食物，它主要以软体虫及小鱼虾为食。

鸭嘴兽是夜行性生物，它们习惯于白天睡觉，晚上出来活动，陆地上的青蛙、蚯蚓、昆虫等也是它的食物。它的消化机能特强，一只鸭嘴兽体重不到一千克，但它一天能吃下与自己体重相当的食物。

鸭嘴兽喜欢在河边打洞，建洞时会留有两个出口，一个是通往水中，另一个则是通往陆上的草丛。它们用爪挖洞的本领很高，即使是很坚硬的河岸，它们也能在十几分钟内就挖出一个一米深的洞。其所建的洞有时会长达几十米，里面会有准备产卵用的宽敞的“卧室”。其“卧室”里还铺着树叶、芦苇等干草，俨然成了一个“床铺”，非常舒服！

母鸭嘴兽一次生两个蛋，为白色半透明状，壳上带有一层胶质。鸭嘴兽妈妈们会将蛋放在尾部及腹部之间，然后蜷缩着身体包围着蛋。经过两个星期的努力，小兽就脱壳而出了，这时妈妈就可以把它们抱在怀里，给它们喂奶了。幼仔要经过三四个月才能长大成“人”。

鸭嘴兽的谜真是太多了，直到现在，还有很多谜团没有解开。人们曾尝试过对鸭嘴兽进行人工饲养，但过惯了野生生活的它们，不管怎么精心照料，最多也只能存活两个月。

知识链接

鸭嘴兽是极少数用毒液自卫的哺乳动物之一。雄性鸭嘴兽的膝盖背面有一根空心的刺，在用后肢向敌人猛戳时会放出毒液。其身上带有80多种毒素，是一个毒素大杂烩，如带有蛇毒、蜘蛛毒，甚至海星毒。鸭嘴兽分泌毒物是为了显示它们在交配季节中的主导地位。身上所带有的80多种毒素中，只有3种是它自己身体特有的，这些不同毒素的基因可以归类为13个不同的基因家族。而这些毒素的不同组合，可能会引起炎症、神经损伤、肌肉收缩和血液凝固等症状。所以在野外遭遇鸭嘴兽，绝不能掉以轻心。

↓鸭嘴兽

神奇的世界

第三章

千奇百态的昆虫大世界

早在4亿年前，地球上就有昆虫存在了，而且是在昆虫极度繁荣之后，人类才开始踏上繁衍征途。可以看出，昆虫的历史极为悠久，它们在这个危险四伏的大自然里凭借自己的本领享有一个属于自己的广阔天地。在这个天地里有夏天不可或缺的男高音——蝉的身影，有翩翩起舞、美丽无敌的花花蝴蝶，有夜晚荧光闪亮、异彩夺目的萤火虫……别看它们个子小，其实本领都大着呢！

蝉——大自然里的男高音

☆门：节肢动物门
☆纲：昆虫纲
☆目：同翅目
☆科：蝉科

当你仔细聆听大自然的声音的时候，你会发现总有一种粗厚而响亮的声音充斥着整个夏天。没错，夏天可以说是蝉的世界，每个夏天里总会有蝉的歌唱声，清脆明亮，像是在歌唱世界、歌唱生活。你听，“知了知了”，无数蝉声汇集，如大合唱一般。有了蝉，夏天便有了声响。

蝉的世界

蝉又叫知了。它浑身漆黑发亮，鸣声粗而响亮，是大自然里的男高音。幼虫期叫蝉猴、爬拉猴、知了猴、结了龟或蝉龟，是同翅目蝉科中型到大型昆虫，体长2～5厘米，有两对膜翅，头部复眼发达而突出，单眼3个。

触角为刚毛状，6~7节，口器为刺吸式，长有长而发达的喙，翅两对膜质坚强而易破碎，前胸大而且宽阔，中胸更大，上有瘤状突起，前腿节膨大，下方有齿。

蝉生活在树上，幼虫生活在土里，多分布在热带，栖于沙漠、草原和森林。生活在树上的蝉有一个针一样的长嘴，能插入树枝吸取汁液。生活在土中的幼虫，靠吃树的嫩根生存，也能吸取树根液汁，对树木有害。然而蝉蜕下的壳却可以做药材。蝉就是通过吸取汁液来延长寿命。

大自然美妙的音乐家

蝉是大自然美妙的音乐家，自古以来，人们对蝉最感兴趣的莫过于它的鸣声。诗人墨客们为它歌颂，借咏蝉来抒发高洁的情怀，还有人用小巧玲珑的笼装养着蝉放在房中听它的声音。

无论什么时候，蝉一直不知疲倦地用轻快而舒畅的调子，不用任何中、西乐器伴奏，为人们高唱一曲又一曲轻快的蝉歌，为大自然增添了浓厚的情意，被人们称为“昆虫音乐家”“大自然的歌手”。

蝉家族中的高音歌手是一种被

称作“双鼓手”的蝉。它的身体两侧有大大的环形发声器官，身体的中部是可以内外开合的圆盘。圆盘开合的速度很快，抖动的蝉鸣就是由此发出的。这种声音缺少变化，不过要比丛林金丝雀的叫声大得多。

感情的传递

蝉的声音可传递多种感情，雄蝉大概可以发出三种不同的鸣声：集合声，受每日天气变动和其他雄蝉鸣声的调节；交配前的求偶声；被捉住或受惊飞走时的粗厉鸣声。

雄蝉的鸣声特别响亮，并且能轮流利用各种不同的声调激昂高歌。而雌蝉因为“乐器”构造不完全，不能发声，所以它是“哑巴蝉”。

雄蝉每天唱个不停，并不是为了引诱雌蝉来交配的，因为雄蝉的叫声，雌蝉根本听不见。在交配受精后，雌蝉就用像剑一样的产卵管在树枝上刺成一排小孔，把卵产在小孔里。其产卵后的寿命只有几周。

知识链接

你知道为什么雄蝉会鸣叫，而雌蝉不会吗?

雄蝉鸣叫是因为蝉肚皮上的两个小圆片叫音盖，音盖内侧有一层透明的薄膜，叫瓣膜，其实是瓣膜发出的声音。而音盖就相当于蝉的扩音器一样会来回收缩扩大声音，于是就发出“知——了，知——了”的叫声。而雌蝉的肚皮上没有音盖和瓣膜，所以雌蝉不会叫。

更有趣的是，蝉能一边用吸管吸汁，一边用乐器唱歌，饮食和唱歌互不妨碍。蝉的鸣叫能预报天气，如果蝉很早就在树端高声歌唱起来，这就告诉人们今天是个大热天。

↓蝉

螳螂
——昆虫界的隐秘杀手

☆门：节肢动物门
☆纲：昆虫纲
☆目：螳螂目
☆科：螳螂科

螳螂又叫大刀螂、巨斧、祈祷虫等，怎么样，都是很霸气的名字吧！而事实也正是如此，螳螂确实具有很强的本领，是昆虫界有名的“隐秘杀手”。但是不要被它震撼的名字吓到了，其实螳螂长得还是很漂亮的。它有纤细优雅的好身材，淡绿的体色，有一双轻薄如纱的长翼。螳螂的颈部是柔软的，可以自由地朝任何方向扭动，看来它还是挺机敏矫健的呢！

螳螂的模样

螳螂是一种中至大型昆虫，除极地外，广布世界各地，尤以热带地区种类最为丰富。中国已知约51种。其中，南大刀螂、北大刀螂、中华大刀螂、欧洲螳螂、绿斑小螳螂等是中国农、林、果树的重要天敌。

螳螂体长一般为7~10厘米，头呈三角形，活动自如，复眼大而明亮，几乎占头的一半；一对具感觉作用的细长触角；颈可以180度地做自由转动。最让人奇怪的是它的镰刀状的前肢，向腿节呈折叠状，以便捕捉猎物，是捕猎的主要武器。

螳螂一半生活在草丛中，它还有一个秘密武器，可以不被猎物注意到，那就是其独特的形态，即宽者似绿叶红花，细者长如竹叶。

深藏不露的“杀手”

螳螂在大自然里是很凶猛的，也是深藏不露的。一般在休息、不活动的时候，这个异常勇猛的小东西会表现得很温和。它将身体蜷缩在胸坎处，看上去，给其他的昆虫一种特别平和的感觉，不会有那么大的攻击性。甚至会让你觉得，这是一个可爱温和的小昆虫。

但事实却并非如此。只要有其他的昆虫从它们的身边经过，无论它们是无意路过，还是有意侵袭，螳螂的那副温和的面孔便会一下子烟消云散，立刻擒住身边的过路者，而那个可怜的路过者，还没有完全反应过来，就成了螳螂利钩之下的俘虏了。它会被重重地压在螳螂的两排锯齿之间，动弹不得。然后，螳螂很有力地把钳子夹紧，这些东西就成了它的囊中之物了。

无论是蝗虫还是蚱蜢，或者其他更加强壮的昆虫，都无法逃脱螳螂锯齿的宰割。螳螂可真是昆虫界中鼎鼎有名的凶狠“杀手”啊！

扩展阅读

螳螂的习性凶猛，个性好斗，不仅是对外族的动物，同类之间也相互残杀。不仅大吃小，而且雌吃雄，甚至是在交配的时候，这种凶杀都是存在的。所以雄螳螂有个“痴情丈夫”的称号。交配的时候，雌螳螂有时会回过头来，啃雄螳螂的头部，然后一口口残忍地将雄螳螂吃个精光，奇怪的是，雄螳螂却不作任何反应，一点都不抵抗，任其为所欲为。表面看起来，的确是很残忍，实际上是雌螳螂在交配之后，急需补充大量营养，来满足其腹中卵粒的成型，以及制作将来产卵时用来包缠卵粒的大量胶状物质。因此可以说，雄螳螂是用自己的生命换取子女的生命。

↓螳螂

蜻蜓
——昆虫界的飞行之王

☆门：节肢动物门
☆纲：昆虫纲
☆目：蜻蜓目
☆科：蜻科和蜓科

蜻蜓是最常见的一种昆虫，孩子们小时候都捉过蜻蜓，然后用一根细绳绑着它玩。虽然知道蜻蜓是益虫，但是看着这么多飞在空中的蜻蜓，便总会忍不住想要捉弄它一番。蜻蜓飞行迅速灵活，差不多可以毫发无损地避开所有敌害。

蜻蜓为什么会有这么多眼睛

蜻蜓的眼睛又大又鼓，几乎占据了整个头的绝大部分，它的每只眼睛又由数不清的“小眼”构成，这些“小眼”与感光细胞和神经连着，因此可以很清楚地辨别各种物体的形状大小。而且它们有很好的视力，还能不必转动它的头就能朝四面八方看去。

此外，蜻蜓的眼睛还有一个本领，就是它的复眼可以测算速度。当一个物体在它复眼前移动时，每一个“小眼”会依次接连产生反应，经过一系列的处理加工，便能准确地确定目标物体的运动速度。这个技能，使得它们成为昆虫界中家喻户晓的捕虫小能手。

蜻蜓的模样

蜻蜓一般体型较大，翅长而窄，网状翅脉极为清晰，翅前缘近翅顶处常有翅痣；3个单眼；1对细而较短的触角；腹部细长，呈扁形或呈圆筒状；脚细而弱，脚上有钩刺，可以在空中飞行时捕捉害虫。

稚虫在水中一般要经11次以上蜕皮，需时2年或2年以上的时间才可沿水草爬出水面，再经最后一次蜕皮羽化为成虫。稚虫在水中捕食孑孓或其他微生物，有时同类也互相残食。成虫本事就大了，除能大量捕食蚊、蝇等害虫外，有的还能捕食蝶、蛾、蜂等昆虫，是人类的好朋友。

蜻蜓一般在池塘或河边飞行，幼虫在水中发育。下雨前蜻蜓喜欢低

空往返飞行，雌雄交尾也是在空中进行。多数雌蜻蜓在水面飞行时，分多次将卵“点”在水中，也有的将腹部插入浅水中将卵产于水底。

红蜻蜓，你知晓吗

红蜻蜓，是生物蜻蜓中的一种。在现代生活中，红蜻蜓真算是小有名气呢，很多东西像儿歌、经典歌曲、皮具、童装等都是有以“红蜻蜓”命名的。美丽的红蜻蜓本身含有两层意思，一层象征着吃掉害虫，另一层代表着伟大的胜利。

红蜻蜓主要出现在4～12月份，喜欢在水域附近的草丛边玩耍活动，是常见的蜻蜓之一。红蜻蜓腹长约3厘米，后翅长约4厘米。

成熟雄蜻蜓体色为鲜亮的朱红色，翅膀透明，整体看起来光艳极了！

趣味阅读

许多蜻蜓拥有与学名相关的描述性俗名，其他与分类学和事实无关的众多名称传统上一直用于蜻蜓，例如叮马蜻蜓。在美国南方，蜻蜓又被称为“蛇医”，因为人们迷信，相信蜻蜓能让生病的蛇回复健康。“魔鬼补衣针”一词也源自蜻蜓，说是蜻蜓会缝住一些行为不乖的儿童的眼睛、耳朵、嘴巴。事实上，蜻蜓对人是没有危害的，这些都是迷信的传说罢了。

↓蜻蜓

蜜蜂
——勤劳的护花大使

☆门：节肢动物门
☆纲：昆虫纲
☆目：膜翅目
☆科：蜜蜂科

蜜蜂指蜜蜂科所有会飞行的群居昆虫，源自于亚洲与欧洲，由英国人与西班牙人带到美洲。蜜蜂为取得食物不停地工作，白天采蜜、晚上酿蜜，辛勤极了，同时也要完成替果树授粉的任务，是为农作物授粉的重要媒介。

可爱的蜜蜂使者

蜜蜂是一种会飞行的群居昆虫，蜜蜂成虫体长约2～4厘米，体被绒毛覆盖，脚或腹部具有长毛组成的专门采集花粉的器官。它的口器嚼吸的方式是昆虫中独有的特征。蜜蜂腹部有两个极其小的黑色圆点，这是它能发出声音的发声器。这些可爱的蜜蜂被称为资源昆虫，一想起勤劳这个词，人们便总会与蜜蜂联系在一起。

蜜蜂采蜜

蜜蜂完全是以花为食，包括花粉及花蜜。蜜蜂在采花粉的同时也是在对它授粉，当蜜蜂在花间采花粉时，多少会掉落一些花粉到花上。不要小看了这些掉落的花粉，它是形成植物异花传粉主要途径。

雄蜂通常寿命不长，所以不采花粉，喂养幼蜂的工作也与它无关。工蜂负责的则是所有筑巢及贮存食物的工作，而且通常要有特殊的结构组织以便于携带花粉。

蜜蜂选择采花的品种也是有讲究的，大部分采集多种花的花粉，有的只固定采一种颜色的花粉，还有一些蜂只采一些有亲缘关系的花的花粉。

邻里间的关系

蜜蜂虽然过着群体的生活，但是，蜂群和蜂群之间是互不串通的。蜂巢里存有大量的饲料，为了防御外来的侵袭，蜜蜂形成了守卫蜂巢的能力，蜇针便是它们主要的自卫器官。

蜜蜂靠嗅觉灵敏来识别外群的蜜蜂。守在门口的侍卫，会严格控制外群的侵入。但是在蜂巢外面的情况就大不相同了，比如在同一个花丛中或饮水处，各个不同群的蜜蜂在一起，互不敌视，互不干扰，不相往来。

飞出去交配的母蜂，有时也会错飞到别的群组里，一旦被发现，母蜂就要倒霉了。这时的雄蜂会立即将它团团包围，残忍地杀死母蜂。而雄蜂如果错入外群就不是这样被残忍地对待了，雄蜂不会伤害它，因为蜜蜂培育雄蜂不只是为了本群繁殖的需要，同时也是为了种族的生存。瞧，蜜蜂的世界似乎有些重男轻女呢！

蜜蜂的生活习性

蜂王是在巢室内产卵，幼虫也就是在巢室中生活，经营社会性生活的幼虫是由雄蜂来喂食，而经营独栖性生活的幼虫是靠取食雌蜂储存于巢室内的蜂粮为食的，等到蜂粮吃完后，幼虫便会成熟化蛹，羽化时便破茧而出。

家养的蜜蜂一年可繁育若干代，野生蜜蜂则一年繁育1～3代不等。一般雄性比雌性出现得早，其寿命短，不承担筑巢、储存蜂粮和抚育后代的任务。雌蜂营巢、采集花粉和花蜜，并储存于巢室内，寿命比雄性长。

↓蜜蜂

金凤蝶
——昆虫界里的美术家

☆门：节肢动物门
☆纲：昆虫纲
☆目：鳞翅目
☆科：凤蝶科

金凤蝶是蝴蝶家族里的美术家，它又叫黄凤蝶、茴香凤蝶、胡萝卜凤蝶。它是一种大型蝶，双翅展开宽有8～9厘米，体态华贵，翅为耀眼的金黄色，花色艳丽，是家族里有名的“能飞的花朵”，有“昆虫美术家”的荣誉称号，具有很高的观赏和药用价值。

美丽的金凤蝶

金凤蝶俗称燕尾蝶，因为其幼虫多寄生于茴香等植物上，所以又叫茴香虫。它们是植物的天敌，主要危害伞形花科植物，以食叶及嫩枝为主。

成虫大型体长约30毫米,翅展约为76～94毫米，体为黄色，头部到腹末有一条黑色纵纹，腹部腹面有黑色细纵纹。前后翅颜色不同，前翅底色为黄色,有黑色斑纹；后翅则为半黄色，翅脉黑色，外半黑后中域有一列不明显的蓝雾斑，臀角有一个橘红色圆斑，看起来很漂亮。

↓金凤蝶

有讲究的生活环境

漂亮的金凤蝶对生活环境很有讲究，它们喜欢生活在草木繁茂、鲜花怒放、五彩缤纷的阳光下，漂亮的燕尾蝶在空中上下飞舞盘旋，左飞飞，右飞飞，自在快乐得不得了，以采食花粉和花蜜为生。

燕尾蝶完成一个世代需经过卵、幼虫、蛹和成虫4个阶段，交配后的雌蝴蝶喜欢在植物的茎叶、果面或树皮缝隙等处产卵。卵在适宜的温湿度环境中即可孵化成幼虫，幼虫大多生活在植物的叶中，以植物的叶片、茎秆、花果为食。

金凤蝶有药用价值吗

金凤蝶在医药中扮有很厉害的角色，它本身具有很实用的药用价值。其幼虫在藏医药典中称“茴香虫”，夏季可以在茴香等伞形科植物上捕捉到这种凤蝶，用酒把它醉死，然后焙干研成粉，有止痛和止呃等功能。此外，这种药剂对治疗胃痛、小肠疝气等也有很好的疗效。每次只需用2～3只，就有很高的药用效果。

扩展阅读

美丽的滇西大理蝴蝶泉，坐落在苍山云弄峰下。这里流传着一个美丽的传说，相传古代有一对白族青年男女，为争取爱情自由与封建势力斗争，最后双双跳下潭中化为蝴蝶。为了纪念这对勇敢的情侣，故该泉取名为“蝴蝶泉”。这里四周绿荫蔽日，泉水潺潺，泉旁有一株苍郁的夜合欢古树，名为“蝴蝶树”，树荫遮天蔽日，横卧在泉水坊每当春末夏初，古树开花，四面八方的彩蝶就会纷纷飞至而来，翩跹起舞，络绎不绝，像一条五彩缤纷的彩带，风景美不胜收；令人叹为观止。每年的农历四月十五是传统的“蝴蝶会”。相信美丽的金凤蝶也必定会是这千万“美女”里的一分子。

竹节虫
——体型较大的伪装家

☆门：节肢动物门
☆纲：昆虫纲
☆目：竹节虫目
☆科：竹节虫科

竹节虫是昆虫界里有名的伪装家，它超强的伪装本领，使得它躲过了不知多少双敏锐而饥饿的眼睛，又因其修长的身体，被称为是昆虫界中的巨人。在昆虫界中，简直是神气极了！

让你惊叹的伪装家

竹节虫，成虫体长可达8～12厘米，较为遗憾的是它没有翅膀不能飞行。但是竹节虫却巧妙地弥补了这点缺憾，竹节虫身体修长，前胸短，中、后胸长，触角和前足一起伸向前方，整个身体就像是有分枝的竹子或树枝。

光是这个样子，就算是遇到危险，也不需要躲避，因为只要它在枝条间一动不动就很难会被发现，何况它还有更厉害的本领。

它可以通过变换身体颜色来更好地伪装自己，因此就算是在万分危险的情况下，竹节虫也不会显得很害怕，因为它还有一个更加厉害的秘密武器——“假死”。从枝条间跌落下来的竹节虫，趴在地上，僵直不动，任你怎么看，也看不出异样。因为它

↓竹节虫

真的就像从树上掉下的一段枯树枝。竹节虫真是特别厉害的一类拟态昆虫，叫你不得不服气。

晚上行动的活泼昆虫

竹节虫行动迟缓，白天静伏在树枝上，到了晚上才出来取食叶子充饥。它在繁衍后代这方面很是特别：雌虫将卵单粒产在树枝上，一两年的时间幼虫才能孵化。有意思的是，有些雌虫不经交配也能产卵，这种生殖方式叫孤雌生殖。幼虫常在夜间爬到树上，经过几次蜕皮后，长大为成虫，成虫的寿命大约只有3～6个月。

白天静静待着的竹节虫是不会被敌人发现的，只有在爬动时才会被发现。当它受到侵犯飞起时，会突然闪动一种彩色的光，用来迷惑敌人。但这种彩光只是一闪而过，当它收起翅膀时，彩光就会突然消失了，这种逃跑方法被称为“闪色法”，是许多昆虫逃跑时经常使用的一种方法。

雄虫较为活泼，其若虫、成虫腹端上屈，受到惊扰时，会后退再落下，用前胸背板前角发射臭液。竹节虫产的卵很大，有时甚至像是竹叶虫吃的树的种子。

竹节虫的家乡

竹节虫主要分布在热带和亚热带地区，全世界约有2200余种，生活在森林或竹林中，以叶为食，是森林里的害虫，有的种类还危害农作物。

知识链接

生活在海南岛、云南红河州和西双版纳热带雨林中的一种叫叶滫的竹节虫，其腹部和背上的翅膀极像雨林中宽大的绿色阔叶树叶片。中间有凸起的叶片“中脉”，两边有“支脉”，圆圆的小头就像是“叶柄”，脚则可以伪装成被其他昆虫啃食过，残缺不全的小叶片；体色多为绿色或褐色，跟所栖息生活环境中的植物叶片颜色很相似。这样的双重伪装，令想要捕捉它们的天敌实在是很难有办法下手。

萤火虫
——荧光闪亮的小虫子

☆门：节肢动物门
☆纲：昆虫纲
☆目：鞘翅目
☆科：萤科

萤火虫，荧光闪亮，以其会发出淡淡的光而出名。它寿命很短，如同流星那样美丽却短暂。微凉夏夜，淡淡的草丛边，半空中总会有一些绿莹莹、闪闪发亮的小东西飞来飞去，就像是天上的星星，又像是一群玩耍的小朋友，在黑夜里尽情嬉戏。

萤火虫的长相

萤火虫是一种神奇而又美丽的昆虫，一般体长只有几毫米，最长的达17毫米以上。它身披蓝绿色光泽，体壁和鞘翅柔软，前胸背板较平阔，常盖住头部。狭小的头上带有11对小齿的触角；眼呈半圆球形，雄性的眼比雌性的大；有三对纤细、善于爬行的脚；末端下方带有发光器，能发黄绿色光，这种发光有引诱异性的作用。

萤火虫分布于热带、亚热带和温带地区，现发现的种类约有100余种，再加上未发现的种类，总共有150多种。

萤火虫的绝密生活

陆栖种类的萤火虫一般生活在湿度高且隐秘性佳的地方，水栖种类的萤火虫则生活在清静的水域，成虫在幼虫栖息环境附近较空旷的地方活动。

多数种类的萤火虫一般要经历从卵到成虫的四个阶段，而且每个时期都会发光。会发光的萤火虫大都是夜行性昆虫，因为是在夜里寻找食物，所以只在夜里发光。

白天，它们则静静地在隐蔽的地方栖息玩耍，一般不发光。但是如果受到骚扰，也是会发光的，这样一方面是阻止敌人，另一方面也是在发警报，提醒同伴们。受到惊吓时，萤火虫发光的频率上升，甚至连颜色都会和平常大不一样。

萤火虫的存活时间大多一年一世代，也有大约4个月一世代的种类。

天使的凶狠面

可爱的萤火虫装点着美丽的夏夜，是黑夜里的发光天使。可是，这个柔情天使的另一面却是凶猛无比的。

萤火虫是一种凶猛无比的食肉动物，并且捕猎方法也十分凶恶，与其看似柔弱的外表大相径庭，常常会令猎物们措手不及。

它所捕猎的对象是一些蜗牛，因此在一些又凉又潮湿的阴暗的沟渠附近，在一些杂草丛生的地方，经常可以看到大量的萤火虫。

捕杀猎物的独门秘籍

在开始下手捕捉前，萤火虫会给蜗牛打一针麻醉药，使这个小猎物失去知觉，从而也失去防卫抵抗的能力，以便自己捕捉并食用。尽管蜗牛把自己隐蔽得很安全，可萤火虫一样进攻不误，它会把自己身上随身携带的兵器迅速地抽出来攻击对方。

萤火虫的身上长有两片颚，它们分别弯曲，再合到一起，这样就形成了一把钩子，一把尖利、细小，像一根毛发一样的钩子。萤火虫就是用这件兵器反复、不停地刺击蜗牛露出来的部位，直到刺死为止。

萤火虫的一生是很短暂的，但是从生到死，它们总是放着亮光的。正因为有了它们，才让我们的夏夜变得如此美丽绚烂。

知识链接

萤火虫的发光，简单来说，是荧光素在催化下发生的一连串复杂的生化反应；而光就是这个过程中释放的能量。萤火虫的发光器是由发光细胞、反射层细胞、神经与表皮等所组成。反射层细胞会将发光细胞所发出的光集中反射出去，所以虽然只是小小的光芒，在黑暗中却让人觉得相当明亮，由于荧光素在反应时所产生的大部分能量都用来发光，只有2%～10%的能量转为热能，所以当萤火虫停在我们的手上时，不会被萤火虫的光给烫到，有些人称萤火虫发出来的光为“冷光”。

↓萤火虫

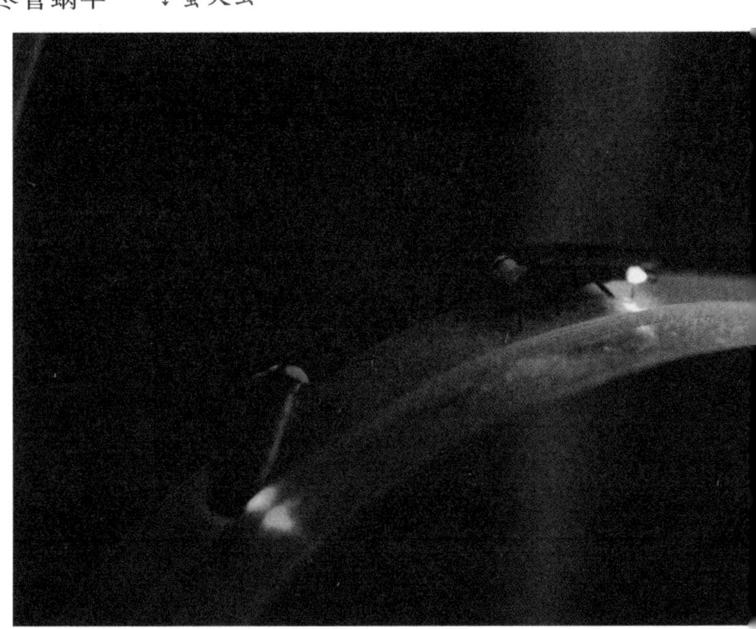

蟋蟀
——如此大将军

☆门：节肢动物门
☆纲：昆虫纲
☆目：直翅目
☆科：蟋蟀科

说起蟋蟀想必大家都知道它。蟋蟀俗称蛐蛐，许多小朋友都玩过，特别是在农村长大的孩子，几乎都玩过蛐蛐。蛐蛐因其鸣声悦耳深得人们喜爱，它在闲暇时刻带给人们的乐趣，更不是一两句就能说得清的。小小蟋蟀格斗起来，真的是颇有武士风范，可以算得上是战场中的“大将军”。

蟋蟀的性格

蟋蟀被誉为“天下第一斗虫”，它们听力灵敏，靠鸣叫进行交流。有趣的是，它的耳鼓长在前足的小腿上，实际上就是一块小的白色斑点，但却能敏锐地感知震动。

蟋蟀体长约15~40毫米，形体粗壮，整体颜色多为黑褐色或黄褐色。它的头是圆形的，具有光泽；它有30节呈丝状的触角，触角较长，往往超过了它自己身体的长度。

蟋蟀是不完全变态昆虫，成虫生性孤僻，喜欢独居，通常是一穴一虫。但是到了成熟发情期，情况可就不是这样的了，这时的雄蟋蟀会招揽雌蟋蟀同居一穴。

擅长跳跃的蛐蛐

蟋蟀每年繁育一代，雌虫一生可产卵500粒左右，散产于泥土中，以卵越冬。蟋蟀喜欢居住在阴凉和食物丰富的地方，夜间为其活动的时间，往往在这时会出来觅食。

成虫擅长跳跃，其后腿具有很强的爆发力，跳跃间距为身长的20倍左右。每年夏秋之交是成虫的壮年期，所以也是捕捉斗玩蟋蟀的大好时期。

蛐蛐雌雄性格不一，雄虫好斗，而且擅长鸣叫，雌虫则默不做声，是个哑巴，被称为"三尾子"。所以根据声音，便能区别雌雄。

悠久的“斗蟋”文化

斗蟋蟀在我国有一段历史了，它是我国民间的一项重要民俗活动，也是最具东方色彩的中国古文化遗产的一部分。自唐朝时期就有文字记载，当时的民间就已经流行这种斗蟋蟀的游戏了。因此，饲养蟋蟀在我国也有着广泛的基础，上到宫廷下到民间，喂养者数量乃至成千上万。

养蟋蟀和其乐无穷的斗蟋蟀活动都是人们充实精神生活的一种手段，观看蟋蟀格斗的激烈场面，也是饶有趣味的。两只小虫，虽然是昆虫，但却似乎懂得人意，很会打架。

即使在瓶中拼搏，也丝毫不影响它们激烈的战斗。瞧，它们各自进退有据，攻守有致，一会儿向前，一会儿变攻为守，一会儿又猛地进攻，引起观赏者一阵又一阵欢呼，有趣极了。

聪明的蟋蟀常常会在战斗中未胜就先振翅高鸣，企图吓倒对方，但对方往往不会被吓倒，几秒钟后，两虫便再次扑斗起来……这些都是相持不下的激战，如此精彩的激战，难怪会吸引众多的蟋蟀迷和围观者。

随着人民生活水平的提高，文化生活的多样化发展，简单的“斗蟋”活动已经开始向“艺术”过渡，并由此开始逐渐融入了庞大的中国古代文化体系，在全国许多城市相继成立了蟋蟀协会、蟋蟀俱乐部等蟋蟀研究、开发、利用、观赏的娱乐性组织，蟋蟀市场在许多城市、地区盛况空前。中国“斗蟋”开始登上大雅之堂，并走向世界。

扩展阅读

和其他昆虫不同的是，同样为了繁衍后代，蟋蟀的习俗却是雌虫主动追求雄虫。而且，雄虫还会极其苛刻地从“求爱”者中挑选更好的。这是因为，一般较重的雌虫有大量的成熟卵，这样则能多产。还有一个原因就是，在充满危险和食物短缺的自然环境里，只有肚内储藏有较多脂肪的雌蟋蟀，才更适合做“母亲”。

↓蟋蟀

螽斯
——绿色的豆荚居士

☆ 门：节肢动物门
☆ 纲：昆虫纲
☆ 目：直翅目
☆ 科：螽蜥科

说起螽斯肯定知道的人不多，但是如果说起它的另一个名字，大家肯定会说："噢，原来就是它啊！"螽斯俗名又叫纺织娘、蝈蝈，是直翅目中的一个科，它身披绿色军装，个子大，触角长，是豆荚里的隐居者。乍一看起来，其样子和蝗虫颇有些相像。

螽斯的神秘世界

螽斯又被称作蝈蝈，是鸣虫中体型较大的一种，体长在40毫米左右，全身都是令人心旷神怡的绿色。螽斯的翅膀较为薄弱，翅膀的前缘稍微有点向下倾斜，但是它的后腿却是强劲有力。

螽斯的外表看着像蝗虫，但是仔细看看便会发现，螽斯的外壳没有蝗虫那么坚硬，最重要的是螽斯有着远比自己身体还要长的触须。另外，螽斯最值得骄傲的是它还有一副好嗓子，其鸣叫声具有奇特的金属质感，一般螽斯的叫声可以传到一二百米以外，比蟋蟀的叫声更加响亮、尖锐和刺耳。

不同螽斯的鸣叫声和个头儿也是有所不同的，体型也有一些差异。有瘦长纤细的纺织娘，也有又短又胖的蝈蝈。其实螽斯并不全是绿色的，栖息于树上的种类常为绿色，无翅的地栖种类通常色暗。

螽斯的生活习性

螽斯以纺织娘之名为大家所熟知，分布在世界各地，但是大部分分布在适合生存的热带和亚热带地区。螽斯目前在中国有大约200多种，全世界大致有500种以上。螽斯通常情况下住在丛林、草间，也有少数一部分栖息于穴内、树洞里以及石下等较为潮湿的环境中。

螽斯具双面色彩，有好的一面也有坏的一面。好的一面是作为肉食

主义者的螽斯，可以用来应对害虫，是害虫的天敌。同时螽斯善于鸣叫，是昆虫音乐家中的佼佼者，其鸣声各异，有的高亢洪亮，有的低沉婉转，令人回味，给大自然增添了一段段美妙的旋律。

螽斯的叫声也是极其洪亮的，它身披鲜绿或其他颜色的衣服，是一种玩赏性很强的昆虫。

但是螽斯有时候却是令人头疼的存在，成年的螽斯是植食性或肉食性昆虫，也有杂食种类。植食种类多对农林牧业造成不同程度的危害；肉食种类在柞蚕区内可对养蚕业造成一定的危害，造成养蚕产量的减少。

夏日里不可或缺的歌声

夏日炎炎，常听到螽斯引吭高歌，低沉有力。天气越热，叫得越欢。有谚语说："蝈蝈叫，夏天到。"在我国的南北方均有它们的"声"和"影"。蝈蝈在民间饲养广泛，深得爱好者的青睐。

螽斯虽是大自然美妙的音乐家，但是它们时刻面临着来自大自然的威胁。它们天敌很多，如鸟类、鼠类、螨类等，像蚂蚁、蜘蛛、螳螂等小昆虫也都是威胁螽斯生存的天敌。

知识链接

螽斯之所以能够演奏出这么美妙的音乐，是靠一对覆翅的相互摩擦形成的，它们的"乐器"长在前翅上，整个夏天螽斯的前翅可以摩擦5000万～6000万次，可以看出它们是一群多么敬业的演奏家！

其实在自然界中能够进行音乐创作的只有雄性螽斯，雌性螽斯相对来说却是"哑巴"，但是值得庆幸的是雌性有"耳朵"，能够听见雄性的呼唤，因此螽斯得以寻找配偶进行繁殖。

↓螽斯

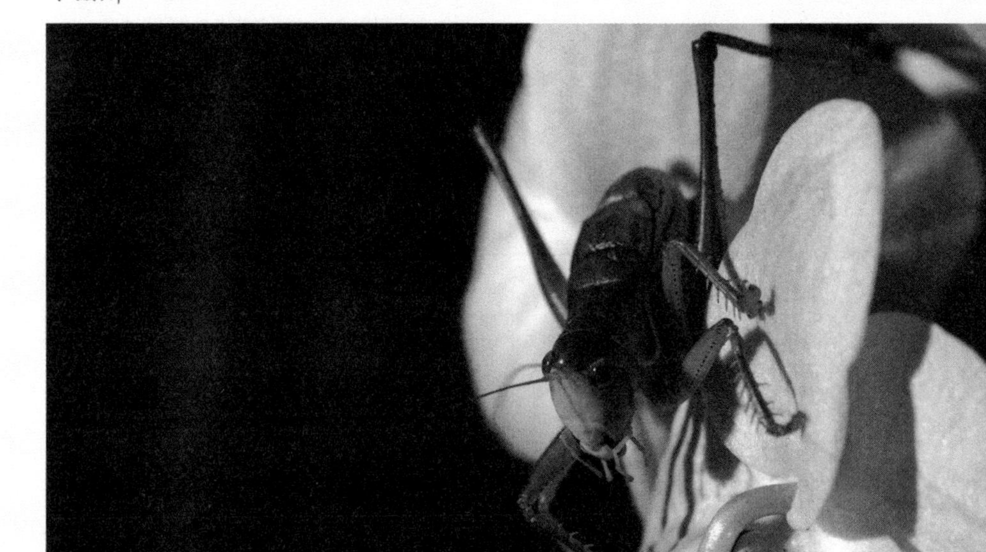

七星瓢虫
——美丽的小淑女

☆门：节肢动物门
☆纲：昆虫纲
☆目：鞘翅目
☆科：瓢虫科

七星瓢虫是鞘翅目瓢虫科著名的害虫天敌。在昆虫家族中，瓢虫算是比较高雅的一族。因为它们动作非常典雅，连展翅飞翔的模样也是风度翩翩的，颇为可爱，就像大家眼里的名门闺秀，所以人们称它为“美丽的小淑女”。瓢虫的形状很像用来盛水的葫芦瓢，所以叫瓢虫。

“小淑女”长什么模样

瓢虫体长通常在1～15毫米之间，很小，只有一粒黄豆那么大。它们身体鼓鼓的，结构很复杂，呈半球形，背面光滑。瓢虫的鞘翅光滑或有绒毛，通常黑色的鞘翅上有红色或黄色的斑纹，黄色的鞘翅上有黑色的斑纹，但有些瓢虫，鞘翅只有黄色、红色或棕色，没有斑点。因为这些鲜艳的颜色，使得它们又有了其他的外号叫“红娘”或“花大姐”。

复眼之间有两个淡黄色小点，有时与黄斑相连。触角呈栗褐色，稍长于额宽，唇基前缘有窄黄条，上唇、口器呈黑色，上颚外侧呈黄色。前胸背板呈黑色，两前角上各有1个近似于四边形的淡黄色斑。前胸腹板狭窄而下陷，脚是黑色，腹面也是黑色，但中胸后侧片呈白色。第六腹节后缘凸出，表面平整。

瓢虫这些鲜艳的颜色具有警戒作用，可以吓退天敌。

七星瓢虫的秘密武器

被称为花大姐的瓢虫，多居住在街边、庭园等一些地方，这里是美丽的瓢虫活动或者栖息的地方，在农田、果园和森林中瓢虫更为丰富。但瓢虫却没有一个可以用来庇护的住宅，它们会忍受各种恶劣天气，有时一片树叶，或许就是它们用来遮风避雨的保护伞了。

但是瓢虫家族们拥有神秘的武

器，它们有很强的自卫能力，虽然瓢虫身体只有黄豆那么大，但很多强敌都不是它的对手，对它奈何不得。这是因为它的三对细脚的关节上有一种“化学武器”，当遇到敌人侵袭的时候，脚关节上就会分泌出一种难闻的黄色液体，使敌人恶心的逃走。

七星瓢虫的本领

让你不知道的是，瓢虫们还有一套巧妙的“装死”本领。当遇到强敌感到危险时，它就会立刻从树上落下来，把它的细脚收缩在肚子底下，“四脚朝天”地装死躺下，这样就可以瞒过敌人，保全自己。

除此之外，瓢虫还是一个大名鼎鼎的杀手呢！它们对于敌人毫不留情，一番搏斗之后，不用多久，猎物就会败倒在它手里，成为它的囊中之物了。

有些瓢虫是以植物类为食物的植食性“瓢虫”，被认为是害虫；以蚜虫、介壳虫、飞虫等小虫为食的“肉食性”瓢虫，才是益虫。这些益虫是农民的好帮手，能够起到保护农作物生长的作用。

扩展阅读

“公私分明”的瓢虫家族之间流传有一种奇妙的习性，就是益虫和害虫之间的界限，分得很明确，两族之间向来是互不干扰互不通婚的，各自保持着不同的传统习惯。在这种老死不相往来、井水不犯河水的状况下，想要产生“混血儿”几乎是不可能的。因此无论繁衍多少代，它们都不会改变各自的传统习性。

↓七星瓢虫

步行虫
——稀奇古怪的小昆虫

☆ 门：节肢动物门
☆ 纲：昆虫纲
☆ 目：鞘翅目
☆ 科：步甲科

步行虫分布范围很广，全世界大约有2万多种。步行虫是步甲科昆虫的别名，它还有一个别名，叫“傍不肯”，意思是它的旁边容不得害虫。

喜欢潮湿的“傍不肯”

步行虫喜欢栖息在潮湿凉爽的地区。它们的特点是腿长，所以每当受到骚扰的时候，它们就会在逃跑时靠腿飞走。

步行虫有闪光的黑色或者褐色的翅鞘，其中有许多种步行虫后面的翅膀已经退化或者完全没有。其幼虫多数是肉食者，只有少数食草。

步行虫的形态特征

其成虫体长只有1～60毫米，多以黑色为主，部分类群色泽鲜艳，有11节触角，呈丝状。一般来说鞘翅隆凸，后翅发达，但土栖种类的后翅退化，随之而来的是左右鞘翅愈合。

步行虫的脚又多又细长，走起路来很方便，部分类群前、中足演化成

适宜挖掘的工具。雌、雄腹部多为6节，少数8节。幼虫为典型的蛃型，脚长有6节，第九腹节有1对尾叉。

有趣的放屁虫——投弹步行甲虫

投弹步行甲虫也是步行虫的一种，它的肛门有一个小囊，每次受到惊吓的时候，就会喷出有毒的液体来对付敌人。有趣的是，当这种液体的热度可能达到沸点的时候，接触到空气以后就会汽化，然后变成刺鼻的臭味，伴随着响亮的声音，便足以吓退那些胆小如鼠的小敌人。

这种会放屁的步行甲虫在美洲、亚洲和非洲都能找到。

扩展阅读

步行虫里还有一种有趣的小虫子，它看起来就像一把小提琴，名字叫马来亚叶步行虫，又叫提琴虫。是因为它有细长的头颈和胸部，扩展的翅鞘外形，所以看起来就像一把美丽的小提琴。它的体长大约有10厘米，这种步行虫经常躲藏在树皮里或岩石的隙缝里，靠细长的头来觅食。

↓步行虫

天牛
——盔甲武士力气大

☆门：节肢动物门
☆纲：昆虫纲
☆目：鞘翅目
☆科：天牛科

小小天牛在昆虫界以力气大著称。它是叶甲总科天牛科昆虫的总称，因其力大如牛，善于在天空中飞翔，因而有了天牛这个名字。它有两只细长而向外弯曲的触角，黑白色相间，很独特，常常超过自己身体的长度。给天牛套上一根线绳，它就可以拉动玩具小木车，因此“天牛拉大车”成了孩子们喜欢的游戏。

天牛的模样

天牛的成虫体呈长圆筒状，背部略扁，触角长在额的突起上，使得触角具有自由转动和向后覆盖于虫体背上的功能。天牛的爪一般呈单齿式，少数还有附齿式。

天牛中胸背板具有发音器。幼虫体则略显肥胖，呈长圆形、略扁，少数个别体细长。天牛触角特别长，甚至比自己的身体还要长。

天牛除了善于飞翔外，还能发出“咔嚓、咔嚓”的声音，这种声音听起来很像是锯树的声音，所以又被称作“锯树郎”。

天牛长长的触角

我国南方和北方对天牛的称呼有所不同，体形的大小也有差别，最大者体长可达11厘米，而小者体长仅0.4~0.5厘米。天牛最特别的特征是它有一对长长的触角。华北有一种叫做“长角灰天牛”的天牛，它的触角是自己身体的4~5倍，普通天牛触角也有10厘米左右。

天牛除了具有长长的触角外，还有一个强壮有力的下巴。天牛体色大多为黑色，体上具有金属的光泽，成虫常在林区、园林、果园等处活动，飞行时由内翅扇动，鞘翅张开不动，发出“嘤嘤”的响声。天牛啃食树木的叶子和枝干，是危害树木的害虫。

天牛的生活习性

天牛生活史因种类而异，有的1年完成1代或2代，有的2～3年甚至4～5年才能完成1代。食料的多少以及天牛所吸取被害植物的老幼、干湿程度，都是影响其幼虫发展的因素。一般幼虫或成虫在树干内越冬。

成虫寿命很短，一般有10余天至1～2个月的存活期，但是居住在蛹室内过冬的成虫寿命可达7～8个月。另外，雄虫寿命比雌虫短。成虫的活动时间与复眼小眼面粗细有关，一般小眼面粗的，多在晚上活动，有趋光性。小眼面细的，则多在白天活动。

成虫产卵的方式与口器形式有关，一般前口式的成虫产卵是将卵直接产入粗糙树皮或裂缝中；下口式的成虫则先在树干上咬成刻槽，然后再将其卵产在刻槽内。天牛主要以幼虫蛀食，生活时间最长，对树干危害最严重。

知识链接

天牛是植食性昆虫，大部分以危害木本植物为主，如松、柏、柳、榆、柑橘、苹果、桃和茶等，一部分危害如棉、麦、玉米、高粱、甘蔗和麻等草本植物，还有少数危害木材、建筑、房屋和家具等，是林业生产、作物栽培和建筑木材上的重要害虫之一。

↓天牛

大蚊
——断肢自救的聪明虫

☆ 门：节肢动物门
☆ 纲：昆虫纲
☆ 目：双翅目
☆ 科：大蚊科

大蚊是双翅目大蚊科昆虫，又叫空中长脚爷叔。其体细长似蚊，脚长。大蚊很小，长的也只有3厘米。大蚊飞行速度很慢，常在水边或植物丛中嬉戏玩耍，没有害处。如果非要与吸血传病的蚊虫扯上关系的话，那也只能算是远房亲戚。

大蚊模样大曝光

大蚊形体大小都有，细长，身上毛较少，体呈灰褐色或黑色。头很大，头上没有单眼，雌虫触角呈丝状，雄虫触角则为栉齿状或锯齿状。

大蚊区别于其他蚊虫的主要特征是中胸背板上有一个“V”形沟；翅狭长，近端部弯曲，平衡棒细长；脚也是细长，大蚊的很多部位都是细长的，在转节与腿节处常易折断。幼虫呈圆柱形或有些略扁，头部大部骨化，腹末通常有6个肉质突起。

有一种牧场大蚊卵小而黑，其卵产在阴湿处。孵出的幼虫细长，皮坚韧，体为褐色。幼虫通常食腐败植物，所食种类均有不同，有的种类的幼虫是肉食性，有的则危害谷类和牧草的根。该昆虫一般都冬天进食，春天则进入休眠状态。

扩展阅读

大蚊科里有一种新疆长足大蚊，是新疆天山一带较常见的昆虫。该昆虫是在土壤中活动，有很好的耕翻土壤的能力，对农林蔬菜生产不但没有害处而且有积极意义。这种蚊行为表现活跃，易于观察，生活史较短，且繁殖快、饲养简便，体型与一般蚊虫相比来说较大。所以，该类蚊虫也是医用生物学教学、昆虫毒理学、昆虫生理学、昆虫行为学、细胞遗传学及昆虫进化等研究的好材料。

荡秋千的大虫尸

大蚊的幼期一般生活在阴暗潮湿

的泥土中，靠取食土壤中的腐烂物质为食，有些种类也危害植物的根，是水稻的一害。

因此，在稻丛中，如果你仔细观察，常会看到大蚊的身影，这时的它似乎是在玩耍。瞧，这只大蚊的成虫正在用前足抓住叶片，后面的两对脚伸得直直的垂吊着，摇摇晃晃的小身体来回摆动，像是在荡秋千。不错，它正在享受呢，当然你所不知道的是，其实它还有另一个重要的目的！如果不去触动摇晃的身体，看上去就好像是一具干枯的虫尸，不要被它迷惑了，其实它是在用装死引诱敌人。大蚊，真是精得很呢！

趣味故事

昆虫中有很多种小昆虫会采用聪明的方法进行自救。大蚊的这套骗人装死把戏，可以骗得了其他的昆虫，可却欺骗不了“捕虫能手”青蛙的锐利眼睛。当青蛙看到垂吊着的大蚊时，显然不会被骗到，猛然跳起，张嘴伸出长舌轻而易举地就能捕捉到大蚊。青蛙本以为是一顿美餐到嘴，没想到卷入嘴里的却只是大蚊一条细细的大腿。原来大蚊受到突如其来的攻击，便断肢自救，逃之夭夭了。大蚊的反应速度真是快呀！

昆虫中有不少种类能产生一种对不利环境的抗性行为。人们发现蚊、蝇、蝶、蛾类足上的跗节是杀虫药剂极易通过的部位，接触后经过一段时间，就会自行脱落而免于一死。生物学上把这种现象叫做“残体自卫”。

↓大蚊

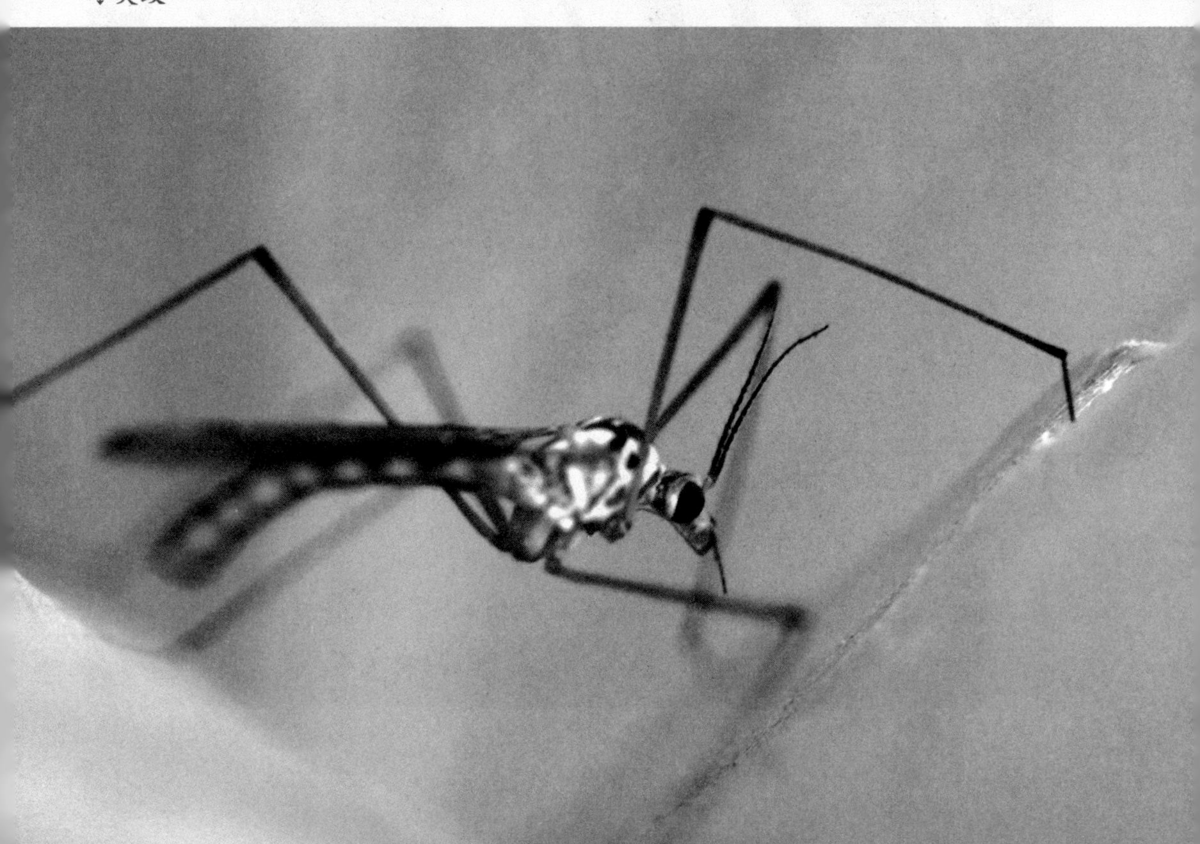

神奇的世界

第四章

姿态翩翩的鸟类群体

飞翔在天空上的鸟类群体吸引了想要探讨大自然的众多人的目光，他们不约而同地把视线转向了蔚蓝天际上飞行着的鸟儿。瞧，它们一个个飞翔得多么安然自在，雄鹰在高达几千米的高空中展翅翱翔，它的雄浑霸气似乎在向人们宣示这个天空的归属权；漂泊在海上的信天翁更是飒爽极了，它四海为家，终日流浪、无忧无虑……姿态翩翩的鸟类们用它们矫健的身影在广阔的天际上划下了一道道美丽的风景。

鹰——天之骄子

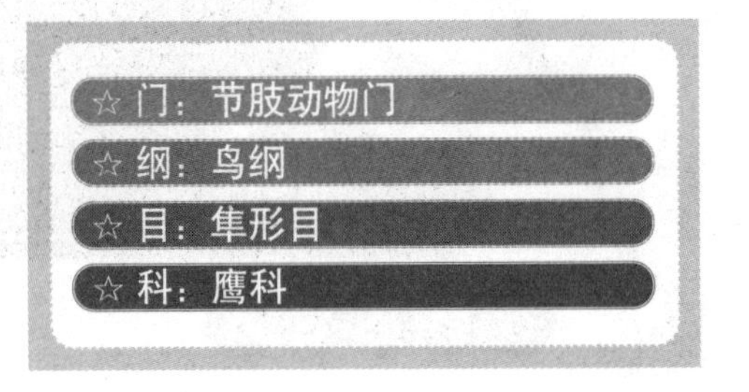

说起鹰，人们总免不了把它与英勇、健壮之类的词联系起来。是的，鹰是高空中神奇的捕猎手，是空中当之无愧的天之骄子。它豪爽、灵敏、矫健的身姿是空中最美丽的一道风景。鹰大多数种类营巢于树上，也有些种类在多草的地面上筑巢，还有的种类是在悬崖上生活。

天之骄子的生存状况

鹰上体部分为灰色，头顶呈黑褐色，体长可达60厘米，双翼展开约有1.3米。飞行时，双翅宽阔，翅下为白色，但多密布黑褐色的横带。

苍鹰喜欢生活在针叶林、阔叶林和混交林的山麓，以强健凶猛著称。主要捕食兔类、鼠类、鸟类等其他小型动物，同时也能猎取松鸡和狐等大型猎物。在高树上营巢，主要以宽大的松树枝为筑巢材料。

苍鹰为森林中肉食性猛禽，它视觉敏锐，善于高空飞翔。苍鹰多在白天活动，有很好的警惕性，善于隐藏。苍鹰通常是单独活动，其叫声尖锐洪亮。

鹰分布广泛，对维护自然界生态平衡具有重要作用。

苍鹰强大的飞行本领

苍鹰在空中翱翔时，两翅水平伸直，或稍稍向上抬起，偶尔也伴随着两翅的煽动，很是自在。但苍鹰除了迁徙期间外，是很少在空中翱翔的。

它们多隐蔽在森林的树枝间窥视猎物，飞行快且灵活，可利用短圆的翅膀和狭长的尾羽来调节速度和改变方向。苍鹰在林中或上或下，或高或低穿行于树丛间，并且还能加快飞行速度以便于在树林中追捕猎物，好不自在。

有时苍鹰还会在开阔的上空飞行或沿直线滑翔，窥视地面上的动物活动。一旦发现森林中的鼠类、野兔、鸠鸽类和其他小型鸟类等猎物，苍鹰便会迅速俯冲，呈直线追击，用利爪抓捕猎物。它伸出爪子打击猎物时的速度很快，为每秒钟22.5米，常叫猎物措手不及，还没反应过来怎么回事就已经是苍鹰的囊中之物了。

苍鹰捕食的特点是猛、准、狠、快，具有较大的杀伤力，凡是力所能及的动物，都要猛扑上去，用一只脚上的利爪刺穿其胸膛，再用另一只脚上的利爪将其腹部剖开，先吃掉猎物鲜嫩的心、肝、肺等内脏部分，再将鲜血淋漓的尸体带回栖息的树上撕裂后啄食，看上去是极其残忍的。

扩展阅读

鹗是鹰的一种，这种类型的鹰则比较独特，它栖息在湖泊、河流、海岸等地，尤其喜欢在山地森林中的河谷或有树木的水域地带活动，主要以捕鱼为生，有时也会捕食青蛙、蜥蜴等。鹗头部为白色，头顶带有黑褐色的纵纹，头的侧面有一条很宽阔的黑带，从前额的基部一直纵穿到后颈部，并与后颈的黑色合为一体。整个身体表面为白褐相间，嘴是黑色的，脚为黄色，爪也为黑色。鹗也是鹰类中较为凶猛的一类。

高山兀鹫能飞多高

高山兀鹫是一种大型猛兽，是世界上飞得第二高的鸟，其飞翔高度可达9000米。其上体呈沙白色或茶褐色，头上长有黄白色毛状羽和绒羽。这类猛兽常栖息于干燥而严寒的高山，它凭借长而宽大的翅膀，可以在几千米的高空自由翱翔。极好的视力，使得它可以在很高的空中，准确地寻找到动物尸体或动物病残体，找到后就会急速向下飞去，落到地面啄食。

兀鹫没有有力的足和锋利的爪，它们多是借助热空气在天空盘旋或者在树枝上栖息。

↓鹰

蛇鹫
——神奇的秘书鸟

☆门：脊索动物门
☆纲：鸟纲
☆目：鹰形目
☆科：蛇鹫科

在非洲，有一种样子和习性都很独特的鸟，它身高近1米，羽毛大部分为白色，嘴长得像老鹰。它的身体中间有两根极长的尾羽，可达60多厘米，远远看上去，就像两条飘逸的白丝带，美丽极了。它有一个奇怪的名字叫“秘书鸟”，这是因为它们头上长着几根像羽笔一样的灰黑色冠羽，就像中世纪时帽子上插着羽笔的书记员，而它的学名则叫蛇鹫。

秘书鸟的身世

有关秘书鸟的身世众说纷纭，有人说它和鹰鹫类相似并有亲缘关系，也有人说，从某些结构上，秘书鸟更像南美的红鹤，所以，它和红鹤可能还是远亲。时至今日，有关秘书鸟的确切归属问题仍未得到圆满解决。

初看秘书鸟时，有些像鹫，因为它们都有较长的腿，且取食方式也较为相似。习性独特的秘书鸟们喜欢成对或者成群地在草原上游荡玩耍，它们多以地面的小动物为食。体型高大的秘书鸟在捕食小动物上很有一手，它快速有力的啄击能使很多小动物当场命丧黄泉。因此秘书鸟有“长翅膀的沙漠王者”之称。

蛇鹫的腿在所有猛禽中是最长的，它们在进食和饮水的时候，和长颈鹿一样都必须弯曲双腿蹲在地上才能喝到。秘书鸟这双长长的腿看上去虽纤细伶仃，但实际上却威力巨大，它只要用力一踢就可对猎物造成极大威胁，产生较大杀伤力。不过，秘书鸟在脚爪握力这方面却是有缺陷的，它无法像短趾雕那样施展“无影掌”来对付敌人。

美好的“一夫一妻”制

长相独特的秘书鸟遵守的是“一夫一妻”制，终身配对，且“夫妻”俩也相当恩爱，它们从配对到死亡都很少分开。每年的繁殖季节中，雌雄

鸟交配后便开始在低矮、平顶的树上为它们即将出世的孩子建巢。它们特别喜欢阿拉伯橡胶树，因为这种树的树叶小，树枝特别密且树冠平坦，极适宜用来造巢。而且这种树还是稀疏地生长在旷野中，住在上面视野也会变得十分宽阔，真不愧是一个适宜安家的好地方。

秘书鸟的巢很大，直径约1.8 米，深0.3 米，架在树顶上，远远看上去就像一只大平盘。雌鸟多是在正逢雨季的时候产卵，一次产卵2 ~ 3 枚。产卵时有丰富的食物，而雏鸟孵出则是在旱季，食物相对缺乏。

为什么会有这种情况呢?后来研究发现，在旱季，秘书鸟生活的非洲草原上常会发生荒火，荒火过后，那些被烧死、烧伤的动物就是秘书鸟的口粮。

小秘书鸟出生后，约在巢内停留3个月，这期间都是靠父母回吐半消化的食糜来喂养。小秘书鸟成长很快，用不了几个星期就能长出富有特征性的羽笔状冠羽，等到它们飞出巢时，全身已披上了同它们父母一样的羽衣，于是新一代的秘书鸟就要在非洲大草原上开始它们神秘而奇特的生活了。

蛇鹫的捕蛇本领

身形高大的秘书鸟还会捕蛇，这是很奇怪的，因为人们常发现蛇鹫会吃鼠和昆虫，就是没见过它捕蛇。但是捕蛇这一说法是确实存在的，许多年前，一位在非洲进行研究的鸟类学家曾报告说，他看到了一只蛇鹫捕食一条长达6米的蛇，这条新闻在当时引来了不小的轰动。

20世纪50年代，一位自然学家发现了一个秘密：一天，他在观察蛇鹫时，突然发现有一条120厘米长的眼镜蛇爬向蛇鹫，蛇鹫发现了，就与蛇开始“外围作战”。经过一系列激战，最终毒蛇葬身于鸟腹。

秘书鸟凭借它的奇特外表和本领构成了非洲草原上独具特色的一道美丽风景线。

↓蛇鹫

天鹅
——洁白无瑕的美丽

☆ 门：节肢动物门
☆ 纲：鸟纲
☆ 目：雁形目
☆ 科：鸭科

说起天鹅，总会让人想到“高雅”一词，它那洁白无瑕、圣洁高雅的样子，总是让人心生向往。美丽的天鹅体型优美，具有很长的颈。它的脚很大，在水中滑行时总是神态庄重，显得一本正经。天鹅飞翔时长颈前伸，缓缓地扇动双翅，优雅极了！

美丽的贞洁之鸟

天鹅是十分古老的一个类群，在历史的多次演变中大多数的种类都已经灭绝。最早的天鹅祖先叫做赫伦氏天鹅，出现在比利时的中新世地层中，距今已有2500万年~1200万年的悠久历史。现存种类的天鹅几乎遍及全球，主要生活在温带、寒温带或寒带地区。

天鹅是一种大型鸟类，最大的身体长约1.5米，体重为6000多克。其中大天鹅又叫白天鹅，是一种大型游禽，全身羽毛为白色，嘴多为黑色，面部的上嘴部至鼻孔部之间的区域为黄色。它们的头颈都很长，大约占到身体的一半。

美丽的白天鹅们常在平静的水面上游弋，将长长的脖子弯向水中，那洁白的羽毛、洒脱的体态，给大自然增添了无限的诗情画意。白天鹅们在游泳时，常会脖子伸直，两翅贴伏在水面上，其美丽优雅的体态，使得白天鹅成了纯真与善良的美好化身。

探讨天鹅的世界

天鹅是一种冬候鸟，喜欢聚群生活在湖泊和沼泽地带，主要是以水生植物为食。每年的三四月份，是天鹅们从南方飞向北方的时候。雌天鹅都是在每年的五月间产卵，一次约产二三枚。雌鹅孵卵期间，雄鹅温馨地守护在雌鹅身旁，一刻也不离开。遇到敌害时，雄鹅会拍打着翅膀上前迎敌，勇敢与对方搏斗。过了十月份，

它们就会结队南迁，在南方气候较温暖的地方越冬，休养生息，这样的日子简直悠闲极了。

从雄鹅细心照料雌鹅就可看出它们是很恩爱的，没错，天鹅一生保持着一种稀有的“终身伴侣制”。在南方越冬时不论是取食还是休息，“夫妻”俩都是成双成对的。如果它们当中的一只不幸死亡了，另一只会悲痛欲绝地为对方“守节”，终生孤独生活。

慈爱的父母

天鹅夫妇不仅终生厮守，互敬互爱，而且它们对后代也是十分负责的。为了保卫自己的巢、卵和幼雏，父母们敢于同狐狸等动物殊死搏斗。所以，不要试图侵犯它们哦。

幼雏颈很短，身上长有稠密的绒毛，刚出壳不久它们就能奔跑和游泳，尽管这样，慈爱的双亲仍会精心照料数月，有的种类的幼雏还会伏在父母亲的背上，享受温暖。

未成年天鹅的羽毛为灰色或褐色，有杂纹，直至满两岁以上。第三年或第四年天鹅才达到性成熟。在自然界中生存的天鹅能活20年，人工喂养的则可活到50年以上。因为天鹅身体很重，所以起飞时它们要先在水面或地面向前冲跑一段距离。

在我国雄伟的天山脚下，有一片幽静的湖泊——天鹅湖，到了每年的夏秋两季，这里会游来成千上万的天鹅，它们在碧绿的水面快乐地漫游玩耍，就像蓝天上飘动着的朵朵白云，好看极了。

知识链接

小天鹅常常会为了爱情而“打架”。

在湖面上嬉戏玩耍的小天鹅，常会几只或几十只地聚集在一起，它们看似很团结，其实不然，它们多会为爱情而“打架”。两只雄天鹅为了争夺雌天鹅，彼此会“脸红脖子粗”，进行一番争斗，谁叫它们喜欢上同一个呢。打架的两只雄天鹅，彼此面对面地伸长脖子，互相用两扇翅膀不断地拍打，同时全身的羽毛也都是竖立起来的。为了打架，它们忙得不亦乐乎。在分出胜负之前，它们会这样一直朝对方扑打，直到有一方胜利为止。

天鹅之间的爱情是值得歌颂的，它们一旦爱上对方，就会永远地爱下去，眼里不再会有第三只天鹅。

↓天鹅

孔雀
——美丽的百鸟之王

☆门：节肢动物门
☆纲：鸟纲
☆目：鸡形目
☆科：雉科

说起孔雀，人们都会不约而同地想到美丽的孔雀开屏。一点也不假，孔雀开屏确实是一个很美很壮观的场景，孔雀用它的美丽吸引了众人的眼球，在浩瀚的动物世界里独树一帜。孔雀被视为“百鸟之王”，它是最美丽的观赏动物，是吉祥、善良、美丽、华贵的象征。下面让我们走进孔雀的世界，观赏它的美。

美丽的“百鸟之王”

孔雀样子很美，身体尾部有一条长达150厘米的尾屏，颜色为漂亮的金属绿色，尾屏主要由尾部上方的覆羽构成，这些覆羽极长，羽尖是虹彩光泽的眼状圆圈、周围绕以蓝色及青铜色圆圈。当孔雀们在作求偶表演时，雄孔雀会将尾屏下的尾部竖起，从而尾屏向前；当求偶表演达到高潮时，亮丽的尾羽会颤动起来，闪闪发光，并发出“嘎嘎”响声，美丽极了！

长相美丽的孔雀并不善于飞翔，因为它的双翼并不发达，不仅飞行速度缓慢而且显得很笨拙。但是它的腿却是强健有力的，善于飞快疾走，如果遇到危险，需要逃窜时，它的脚多是大步飞奔的。孔雀在觅食活动的时候，行走姿势和鸡一样，也是边走边点头，看起来很有意思。

孔雀开屏

孔雀是世界上最美的动物之一，孔雀开屏是别的鸟类都没有的一种美丽形态。孔雀在每年的3~5月份，开屏次数最多，这是为什么呢？和季节有关吗？

我们都知道，能自然开屏的只有雄孔雀。所以，孔雀中只有雄孔雀最美，它头上长着奇异的冠羽，面部露出金黄和天蓝色的光泽，头、颈和胸部丰满的绿色羽毛上镶嵌着黄褐色的横纹。最特别的是那长长的尾羽，每根羽毛上都有宝蓝色的眼斑依次散列，两边分披

着金绿色的丝带般的小羽枝，闪烁着古铜色光泽。而雌孔雀却是其貌不扬的，它全身羽毛大都呈灰褐色，点缀着不规则的暗色斑纹。雌雄孔雀在一起，外貌上也许很不相称，但雄孔雀开屏却正是为了寻求伴侣。

每年的春天，是雄孔雀争艳比美寻找伴侣的时候。这时候的它们显得更加精神，原先的羽毛焕然一新。于是它们在开阔的草丛和溪水河流边，尽情地展开那五彩缤纷、色泽艳丽的尾屏，并不时用力地摇晃身体。雄孔雀竖起美丽的尾羽，展开得像一把碧纱宫扇，紧紧地跟随在雌孔雀的身边，得意扬扬地踱步，做出各种各样优美的舞蹈动作，以博得雌孔雀的青睐。

相貌平平的雌孔雀却特别钟情于美“男子”，它们要求还很高，稍有纰漏的雄孔雀，它们都不肯嫁，但是那些特别美丽多情的雄孔雀身边却总是妻妾成群，一雄配数雌。

孔雀简陋的生活

孔雀的生活很简陋，通常在郁密的灌丛或草丛中，用爪在地上刨成一个凹形，内垫些杂草和落叶等物，就是一个雀巢了。它们平常多是走着觅食，爱吃黄泡、野梨等野果，也吃谷物、草籽。

↓罕见的白孔雀开屏

↑争艳比美的孔雀

孔雀交配后，每隔1～2日产卵1枚，每窝5～6 枚，卵为浅乳白、棕色或乳黄色。雌孔雀独自承担孵卵，孵化期约4 周。幼雏出壳时，全身长有黄褐色绒毛。由人工饲养的雌孔雀，每年可产卵6～40枚，雌幼雏经20～24 个月的饲养，便能产卵繁殖，雄性幼孔雀则需要两年半的时间才能长出漂亮的尾屏。

除了漂亮外，孔雀还具有特殊的观赏价值，它的羽毛可用来制作各种工艺品。

扩展阅读

孔雀舞是我国傣族民间舞中最负盛名的传统表演性舞蹈。在傣族人民心目中，孔雀是“圣鸟”，人们不但在家园中饲养孔雀，而且把孔雀视为善良、智慧、美丽、吉祥和幸福的象征。在种类繁多的傣族舞蹈中，孔雀舞是最受人们喜爱、熟悉，也是变化和发展最丰富的舞蹈之一。

绿孔雀——美丽的鸟中皇后

绿孔雀，因其能开屏而闻名于世。雄孔雀是极为美丽的，它的羽毛为翠绿色，下背闪耀紫铜色光泽。尾上的覆羽特别发达，平常多收拢在身后，伸展开来长约 1米左右。这些羽毛绚丽多彩，羽枝细长，犹如金绿色丝绒，其末端还具有由众多颜色组成的大型眼状斑，如紫、蓝、黄、红等色。孔雀开屏时反射着光彩，好像无数面小镜子，真是鲜艳夺目。

绿孔雀身体粗壮，雄孔雀长约 1.4米，雌孔雀全长约 1.1米。绿孔雀头顶上还有一簇高高耸立着的羽冠，真是别具风度。绿孔雀仅分布在云南南部，栖息在海拔2000米以下的河谷地带，也有的生活在灌木丛、竹林、树林的开阔地。

蜂鸟

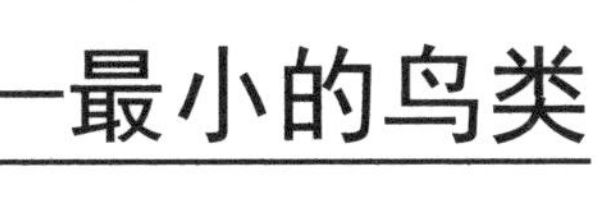

——最小的鸟类

蜂鸟是世界上已知最小的鸟类，因拍打翅膀的“嗡嗡”声而得名。蜂鸟身体很小，却能够通过快速拍打翅膀而悬停在空中，其快慢主要取决于蜂鸟的大小。它是鸟类中唯一一类可以向后飞行的鸟。

小小蜂鸟为何美丽

蜂鸟是一种颜色鲜艳的极小型鸟，也是世界上最小的鸟类。它体长约3~5厘米，重约20克，大多喜欢生活在茂密的森林中。因为这类小东西飞行速度很快，就像一颗颗转瞬即逝的流星，所以想要观察它可要非常耐心地等待。

小小蜂鸟的美是任何其他鸟类所无法比拟的。蜂鸟浑身上下都散发着鲜艳的美，它从头到脚都长着闪烁异彩的羽毛。头部有闪烁着金属光泽的细丝状发羽，颈部有夺目的七彩鳞羽，腿上还有闪光的旗羽，就连尾部都长有曲线优美的尾羽。这样一类精致的鸟儿是鸟类王国中当之无愧的美的化身，它是大自然最完美的杰作。

蜂鸟的大大世界

蜂鸟在地球上只分布于美洲新大陆最炎热的地区，它们数量众多，仿佛只活跃在两条回归线之间。有些蜂鸟在夏天把活动范围扩展到温带，但也只是作短暂的逗留。

蜂鸟的眼睛像两个闪光的黑点，它翅膀上的羽毛非常轻薄，就好像是透明的。蜂鸟又短又小的双脚，极不易被人察觉，而它也很少能用到脚，只在停下来过夜的时候用到。蜂鸟飞翔起来翅膀会持续拍打不断，而且速度很快，发出嗡嗡的响声。蜂鸟的双翅能非常迅捷地拍击，因此它在空中停留时不仅形状不变，而且看上去毫无动作，就像直升机一样悬停着。

只有在它们看到花朵时，才会箭一般地朝花飞去，用它细长的舌头探进花儿怀中，用力吮吸它们的花蜜，仿佛这是它展示舌头唯一的用途。蜂鸟凭借高超飞行的本领，被人们冠以“神鸟”“彗星”“森林女神”和“花冠”等几项荣誉称号。

善于保护羽毛的蜂鸟

任何一只大鸟出于天性都会非常注意爱护自己的羽毛，它们爱护、修整羽毛的基本方式是梳理。那么蜂鸟是如何保护自己的羽毛的呢？

大多数蜂鸟的尾部都长有尾脂腺，可分泌出油脂，鸟儿自身会用嘴将分泌的油脂涂抹在羽毛上，使羽毛能始终保持湿润光滑。一般蜂鸟梳理羽毛是为了羽毛本身的保健。也有一些蜂鸟不分泌油脂，这种情况下，它们则用一种绒羽分化而来的极细的粉状物来修整羽毛。

蜂鸟奇特的嘴

蜂鸟的嘴又尖又细，而且很长，能够很容易地插入花中采食。蜂鸟类有一种鸟叫剑喙蜂鸟，它的嘴尤为长，其头部和身体加在一起还不如它的嘴长。

蜂鸟的嘴大致可分为两种类型，长而弯曲型和短而直型。第一种类型的蜂鸟适于在略微弯曲的长筒状花中采蜜，这一类花产蜜量高；第二种类型的蜂鸟则适于在短小笔直的花中采蜜，这一类花分泌的花蜜相对来说较少。

蜂鸟在飞行时，两翼是在身体两侧垂直上下飞速扇动的。当它悬停在空中时，它的翅膀平均每秒扇动54次，在垂直上升、下降或前进时每秒可扇动75次。这就是它为何身体小，飞行却很快的道理，蜂鸟在空中所有的活动都是靠翅膀的快速扇动来完成的。

↓蜂鸟

鸵鸟
——最大的鸟类

☆ 门：脊索动物门

☆ 纲：鸟纲

☆ 目：鸵鸟目

☆ 科：鸵鸟科

鸵鸟是世界上存活着的最大的鸟类，它从地面到头顶的高度为2～3米，腿长约1米，体躯长约2米，平均重56千克左右，最重的可达135千克。鸵鸟不会飞却能奔跑得很快，它的双脚粗壮有力，发起怒来，甚至能把狮子和豹子都踢得落荒而逃。鸵鸟常被用来耕田、驮物、送信，甚至有时还充当人的坐骑。

鸵鸟长什么模样

鸵鸟头部很小，颈部很长且灵活，它身体裸露的部位通常呈淡粉红色，如头部、颈部和腿部。鸵鸟的眼很大，继承了鸟类的特征，其视力也很好，具有粗粗的黑色睫毛。

鸵鸟最为厉害的要数它的腿了，它的腿极为粗大，只有两趾，是鸟类中趾数最少的。它强而有力的后肢，除了用于快速奔跑外，还可向前作踢打状用以攻击敌人。

鸵鸟有一双相当大的翼，但却不能飞翔。这主要是因为其胸骨扁平，不具有突起龙骨，且锁骨退化。鸵鸟身上无羽区及裸区部位，羽毛蓬松而不发达，缺少分化，羽枝上没有能形成羽片的小钩。很显然，这样的羽毛主要是用来保温的。

鸵鸟能跑多快

鸵鸟虽有翼却不能飞，但它的奔跑速度却快得惊人。鸵鸟在出生后不久就能快速地奔跑，它跑动时，双翅可扇动助跑，一步可跨出8米，飞奔时最高时速可达65千米。

但鸵鸟却不擅长于长跑，它一般只能持续跑5分钟左右。因为鸵鸟奔跑主要是为了避敌，它在遭遇袭击时，飞速奔跑，在很短时间内就能安全逃出危险区。

当它遇到敌害来不及逃跑时，它就干脆将潜望镜似的脖子平贴在地面，身体蜷曲一团，自己暗褐色的羽

↑鸵鸟求爱

毛可伪装成石头或灌木丛，再加上薄雾的掩护，这样一个景物就很难被敌人发现啦。另外，鸵鸟将头和脖子贴近地面，还有别的作用：一是可听到远处的声音，及早避开危险；二是可以适当放松颈部的肌肉，稍作休息。

鸵鸟的浪漫爱情

巨大的鸵鸟群体过着“一夫多妻”制的生活，雄鸟们常常为了争夺自己喜欢的雌鸟而打得“你死我活”。它们要经过一场凶猛的战斗，最后胜利者会占有雌鸟，成为一群雌鸟的主人。

鸵鸟发情时很有趣，只见它展开双翅，挺起宽阔的胸膛，露出胸脯上美丽的白斑，讨好似的绕着雌鸟翩翩起舞，而那些雌鸟则目不转睛地看着那些斑点，似乎被它美丽的斑点迷住了。

一曲舞蹈结束之后，雄鸟就装作若无其事的样子开始觅食，而显然被雄鸟迷住的雌鸟为了表达自己的痴情，则跟在雄鸟后面，模仿雄鸟的觅食动作，有意思极了。这种状况用不了多久，就会被它们欢快的舞蹈所代替。

爱情结晶的繁殖

当一对相爱的雄鸟和雌鸟有了宝宝之后，它们便共同担当起孵蛋的重任。一个巢里通常有约40枚蛋，一般情况下，雌鸟白天孵蛋，雄鸟晚上孵蛋。有时候，雄鸟白天也“加班”。

可爱的小鸵鸟在蛋壳里经过孵化，自己就会啄开蛋壳迫不及待地想来到外面的世界。而它们生下来面临的却是各种严峻的考验，如疾病、天敌、恶劣的气候等，这些灾难随时会危及它们的生命。

即使有父母的呵护，小鸵鸟们也避免不了这些坎坷，每一群兄弟姐妹们中大约只有1/6能够存活下来。而这些活下来的小鸵鸟经过了大自然的选择，生命力就会变得异常旺盛与坚强。

丹顶鹤

——长寿的象征

☆ 门：脊索动物门

☆ 纲：鸟纲

☆ 目：鹤形目

☆ 科：鹤科

丹顶鹤又叫仙鹤，它是长寿的象征，素以喙长、颈长、腿长著称，是国家一级保护动物。丹顶鹤身披洁白羽毛，整个身体只有颈部和飞羽后端为黑色，头顶皮肤裸露，呈现出鲜红色。

鸟类的贵族

纯洁美丽的丹顶鹤是鹤类的代表，是鸟类中的贵族。它长相纯白美丽，形态优美，就像一个亭亭玉立的少女头戴鲜红的小帽，身披洁白的羽衣，配有黑色纱裙。在夕阳西下的黄昏中，或挺胸昂首，或回步转颈，或引颈高鸣，或展翅作舞，它那婀娜多姿的舞步，像在夕阳的伴奏下，跳着欢快的芭蕾，令人陶醉。

丹顶鹤的生活习性

丹顶鹤每年要在繁殖地和越冬地之间进行迁徙，它们选择沼泽和沼泽化的草甸为栖息地，平常主要以浅水的鱼虾、软体动物和某些植物根茎为食。成年的丹顶鹤每年要换羽两次，春季换成夏羽，秋季则换成冬羽，换羽的时候会暂时失去飞行能力。

丹顶鹤的鸣叫声非常嘹亮，在数千米之外都能听得见。它的叫声是确定领地的信号，也是发情期进行交流的重要方式。

成群的丹顶鹤总是结队迁飞，它们飞行时多会排成“人”字形，且“人”字形的角度是110°。

千古绝唱的爱情

丹顶鹤的爱情是一种千古绝唱式的爱情，它们严格实行“一夫一妻”制，一旦成为配偶，可维持终身。如果一方死去，另一方则孤独过完下半生。

丹顶鹤在4月初开始择偶，每天清晨或傍晚，常能听到它们发出的求偶声，叫声频繁且响亮，因此古人有“鹤鸣九皋，声闻于天”的说法。在进入交配期前，雄性丹顶鹤首先要抢占地盘，不允许其他同性个体进入自己的领地，这种行为称为占巢。

然后丹顶鹤们就要举行一个求偶仪式了，求偶时，雄鹤会很主动，引颈耸翅，“咯咯”叫个不停。雌性丹顶鹤则翩翩起舞，也以“咯咯”声回应。双方对歌当舞，你来我往，时间长了，暗生情愫，接下来就是结为夫妻，终生恩爱了。

传说中的丹顶鹤

自古以来，人们常把丹顶鹤头上的丹顶看成是一种剧毒，称为“鹤顶红”或“丹毒”，人如果吃下，就会马上气绝身亡。其实这种说法是错的，是毫无根据的。

鹤血是没有毒的，古人所说的“鹤顶红”其实是砒霜，化学名称叫三氧化二砷，呈红色，有剧毒。古人说成是“鹤顶红”只不过是对砒霜的一个隐晦的说法罢了。

扩展阅读

传说的仙鹤，其实就是丹顶鹤，它是生活在沼泽或浅水地带的一种大型涉禽，常被人冠以“湿地之神”的美称。东亚地区的居民，把丹顶鹤看作是幸福、吉祥、长寿和忠贞的象征。

丹顶鹤在各国的文学和美术作品中屡有出现：殷商时代的墓葬中，就有鹤的形象出现在雕塑中；春秋战国时期的青铜器钟，也有鹤体造型的礼器；道教中丹顶鹤飘逸的形象已成为长寿、成仙的象征。

↓丹顶鹤

鹦鹉
——搞笑的语言学家

☆ 门：脊索动物门
☆ 纲：鸟纲
☆ 目：鹦形目
☆ 科：鹦鹉科

在鸟的世界里，鹦鹉是很独特的一类，因为并不是所有的鸟类都能模仿人的声音。而和大多数只会叽叽喳喳的鸟比起来，鹦鹉则显得更为神秘，它能够惟妙惟肖地模仿各种声音和人类的语言，是动物界较聪明的一种动物。鹦鹉分布在温带、亚热带和热带的广大地域。

小小鹦鹉俱乐部

鹦鹉是一种艳丽、爱叫的鸟，以其美丽无比的羽毛、擅学人语的特点，为人们所欣赏和钟爱。鹦鹉种类非常繁多，全世界约有300多种，分属6个亚科，80个属。

鹦鹉中体型最大的当属紫蓝金刚鹦鹉，它身长可达100厘米，分布在南美的玻利维亚和巴西。最小的是生活在马来半岛、苏门答腊、婆罗洲一带的蓝冠短尾鹦鹉，它身长只有12厘米，与前者相差巨大。这些身体较小的鹦鹉携带巢材的方式很特别，不是用那弯而有力的喙，而是将巢材塞进很短的尾羽中。

探讨鹦鹉的世界

鹦鹉羽毛大多色彩绚丽，鸣叫响亮。最独特的就是它长有一个钩形嘴，这个特点使得人们很容易识别这些艳丽的鸟儿。

鹦鹉大多生活在低地热带森林，也常飞至果园、农田和空旷草场地中，它们一般以配偶和家族形成小群活动，栖息在林中树枝上，以树洞为巢。平时主要食树上或者地面上的植物果实、种子等，吸蜜鹦鹉类则以花粉、花蜜及柔软多汁的果实为食。

鹦鹉在取食过程中，常以强大的钩状喙嘴与灵活的对趾型足配合完成。在树冠中寻食时，首先用嘴咬住树枝，然后双脚跟上。鹦鹉不擅长长时间飞翔，多半只要飞一会儿就要稍

↑鹦鹉

作休息，但是它爬树的功夫却很厉害，如果是行走在坚固的树干上时，则把嘴的尖部插入树中平衡身体，然后加快运动速度。鹦鹉吃东西时很有意思，它是用其中的一个脚充当“手”握着食物，将食物塞入口中。

鹦鹉会说话吗

鹦鹉有一个特殊本领就是“鹦鹉学舌”，它可以用不同的语调、嗓音模仿人类简短的语言，其模仿能力简直让人叹为观止。它的记忆力也很好，记住的很少忘记。其实鹦鹉只是模仿人类语言而已，并不懂得语言。

鹦鹉学舌的本领其实是和它特有的身体结构有关系，鹦鹉的发声器鸣管比较发达和完善，有四五对鸣肌。在神经系统的控制下，鸣管中的半月膜会自动收缩或松弛，然后回旋震动发出鸣声。鹦鹉所具有的发生器上下长度及与体轴构成的夹角与人类的较为相似，因此才有“鹦鹉学舌”这一说。

知识链接

非洲鹦鹉亚历克斯被认为是世界上最聪明的鹦鹉，它很厉害，会做很多事情。例如它可以计算6以内的加法，正确率为80%，它能说出150个英语单词，还能辨别出50种物体、7种颜色和5种形状。有趣的是，当它发现自己回答问题发生错误时，还会难为情地说：“对不起！”

这只非洲鹦鹉还具有非凡的灵性，它能对周围的事物发表自己的评论。当旁边有人喝热茶时，它会如人一般关切地向参观者说：“烫！”警示参观者小心。

有科学家曾对它进行过研究，认为该只鹦鹉具有2岁儿童的情商和5岁儿童的智商。

信天翁
——神奇的漂泊者

☆门：脊索动物门
☆纲：鸟纲
☆目：鹱形目
☆科：信天翁科

航行在太平洋上的人们，常常会看到一群在海上振翅盘旋的海鸟——信天翁，跟着海轮寻觅食物。信天翁是体型最大的海鸟，在蓝天碧海之间，它能巧妙地利用海面的气流，像滑翔机一样高速翻飞。它随便兜一个圈子，都有2000～3000米这么长的距离，它是海上出了名的漂泊者。

信天翁的习性

信天翁是海上最大的海鸟，它身体长1米有余，双翅展开达3.7米，浑身披着一身犹如浪花似的白色羽毛，只是在双翼尖及尾羽有些黑褐色。它是鸟类中当之无愧的漂泊者，可以一直都过着漂泊的生活，从一个地方流浪到另一个地方。只有到了生儿育女的季节，或是风暴频繁的天气，它才会停下来歇一歇。

信天翁不喜欢风平浪静的日子，因为海上没有上升气流供它们滑翔，不能乘风翱翔，所以只能扇动它那细长的翅膀。它最开心的是遇到令人胆战心惊的海洋风暴，这时的信天翁便能驾驭长风搏击风浪。据记载，一只信天翁在12天内能飞越5000多千米的航程。

没有风的时候，信天翁在陆地简直无法起飞。而有风的时候，它能长时间地停留在空中，有时甚至几个小时都不扇动一下翅膀，任凭风来吹送，简直舒服极了！

信天翁吃什么

信天翁和其他海鸟一样，能喝海水，通常以乌贼、墨鱼、鱼类、虾蟹等为食料，对海轮抛弃的残羹剩饭也极为嗜好。所以，它们总会跟着船只团团转，时而冲上云天，捕捉空中目标，时而紧紧贴着滔天的巨浪，俯冲猎取食物。

信天翁平常都在海上漂泊，只在繁殖的时候，才成群地登上远离大陆的

↑信天翁

海岛。在那里，成年的信天翁成群或成对地从事交配行为，其中包括展翅和啄嘴表演，同时也伴随着大声鸣叫。

10月初，信天翁在海岛河滩上筑巢产卵，即使碰到人也不逃避。过些天，每只雌鸟就会生下一只蛋，雌雄鸟轮流进行60多天的孵化。幼雏成长很慢，尤其是大型种类者，幼雏孵出后需要3～10个月的时间才能长齐飞羽，长大后在海上渡过5～10年的光阴，就开始繁殖，一般可活二三十年。

为家园而战的海岛卫士

尽管信天翁好高骛远，喜欢漂泊，但其实它很恋家园，如果有敌害入侵，它们会奋起而攻之。二战的时候，美国海军准备在中途岛海域的一个荒凉小岛上建立军事基地，于是他们派出几名侦察兵，在夜晚悄悄地登上荒岛侦察情况。

这几名侦察兵没有引起人们的注意，却惊动了岛上的“海岛卫士”——信天翁，于是它们一哄而起，把这些士兵全部赶下了海。不甘心的美军到了第二天白天继续登岛察看，然而这次，他们还未到达岸边，就被成群结队的信天翁鸣叫着赶走了。

在无可奈何的情况下，美军派出飞机前往轰炸。出人意料的是，轰炸激怒了附近海岛上的信天翁。它们陆续蜂拥而至，同登陆的海军士兵展开了一场激烈的“血战”，斗得难分难解。

后来，残忍的美军使用了毒气，顷刻间岛上毒烟翻滚，信天翁遍天抛尸，令人惨不忍睹。但是，幸存的信天翁并没有屈服，它们继续阻碍美军在岛上修公路、筑房舍和建机场。最后，机场虽然修好了，飞机却无法飞行。信天翁时时成群地在机场上盘旋，有时干脆与飞机在空中相撞，事故频频发生。

信天翁的这种不畏强风暴雨，为保卫家园勇敢牺牲的精神，深受岛上居民的敬佩。于是它们被奉为“天神”，备受爱护。

野鸭
——水上的候鸟

☆门：脊索动物门
☆纲：鸟纲
☆目：雁形目
☆科：鸭科

野鸭是水鸟的典型代表，又叫绿头鸭，是多种野生鸭类的通俗名称。野鸭又被称为候鸟，它能进行长途的迁徙飞行，最高的飞行速度能达到时速110千米。

小小野鸭大生活

野鸭们喜欢结群活动和过群栖生活，夏季会以小群的形式，在水生植物繁盛的淡水河流、湖泊和沼泽边嬉戏玩耍。秋季则常集结成数百以至千余只的大群向南迁徙，越冬时也是集结成百余只的鸭群在一起栖息。

喜欢群居的野鸭虽带有野性，但却胆小，它们喜欢安静，有很高的警惕性。如果有陌生人或畜、野兽突然接近，它们会立刻发出惊叫，成群逃避，有时会拼命逃窜高飞。

它们食性很广而且复杂，多以小鱼、小虾、甲壳类动物、昆虫为食，有时也会吃植物的种子、茎、茎叶、藻类和谷物等。

水是它们的游乐场所，绿头野鸭脚趾间有蹼，善于在水中游泳和戏水，但却很少潜水。它们在水中游泳时，尾巴常露出水面，善于在水中觅食、戏水和求偶交配。野鸭们可通过戏水，来保持自身羽毛的清洁卫生和生长发育。

野鸭会飞吗

野鸭体型比家鸭轻盈得多，其腹线是与地面平行的。野鸭性情活泼，两腿有力，不但会飞，而且还有很强的飞翔能力。野生绿头鸭翅膀很强健，飞翔能力强。长大后的野鸭，翅膀成熟，飞羽长齐时，不仅能从陆地飞，还能从水面直接飞起，且飞翔较远。

有一种叫做中华秋沙鸭的野鸭，它是一种头上长有羽冠的潜水鸟，体色多为绿黑色、白色相间。它以天然树洞为巢，能爬高、飞行，被人称作

↑野鸭

是“会上树的鸭子”。野鸭的适应能力也很强，它们不怕炎热或者寒冷，在零下25～40℃照样都能正常生活，它的鸣声响亮，与家鸭极为相似。在南方，绿头野鸭和家鸭的自然杂交后代常被作为“媒鸭”，用来诱捕飞来的鸭群。

花脸鸭是“丑小鸭”吗

花脸鸭可算是野鸭家族中的“小丑”，脸上的棕白色和翠绿色板块被几条窄窄的条纹区分开来，形成了几块斑斓图案，是十分别致的色块。头顶颜色很深，头部及后颈上部为黑褐色。多斑点的胸部为棕色，两肋具有鳞状纹。尾下覆羽也为黑褐色，飞翔时金属铜绿色翼镜尤为明显。

花脸鸭通常栖息于淡水湖畔，喜欢结大群并常与其他种混群。它们活动多选择在水边沼泽地区的野草丛间，白天常小群活动于江河、湖泊中，夜晚则到田野或水边浅水处觅食。雌鸭主要以各类水生植物的芽、嫩叶、果实和种子为食，也常到收获后的农田觅食散落的稻谷和草籽，同时也吃螺、软体动物、水生昆虫等小型无脊椎动物。

扩展阅读

野鸭种类很多，中国约有10种，每个品种均以雄鸭羽毛区别较大，目前国内外人工饲养的野鸭品种主要为绿头野鸭。绿头鸭是最常见的比较大型的野鸭，个体肥大，但肥而不腻，其肉鲜嫩味美，营养丰富，又极富口感，被视为是野味中之上品。

猫头鹰
——无声的杀手

☆门：脊索动物门
☆纲：鸟纲
☆目：鸮形目
☆科：猫头鹰科

猫头鹰被称为黑夜里无声的杀手，大多数种类专以鼠类为食，是生物界中重要的益鸟。它视力极好，是鸟类中唯一一个能分辨蓝色的动物。猫头鹰眼周的羽毛呈辐射状，细羽的排列形成脸盘，面庞像猫，因此得名为猫头鹰。

夜行中的无声杀手

猫头鹰那张奇特古怪的脸，深为我们熟悉。尤其是它休息时总爱睁一只眼闭一只眼的滑稽动作，更是给人们留下了深刻的印象。

猫头鹰周身羽毛稠密而松软，大多为褐色，上面散缀着微小的细斑。它飞行时没有声音，是因为它的翅膀上长着一层能消声的羽毛，这些羽毛在飞行时“吞没”了其翅膀拍打发出的声音。所以，猫头鹰的飞行是无声的，这种举动常会给猎物措手不及的致命一击。

猫头鹰的雌鸟体型一般比雄鸟大，它的嘴很短，且侧扁而强壮，嘴基没有蜡膜，而且多被硬羽所掩盖。它还有一个转动灵活的脖子，使脸能转向后方。它的左右耳不对称，但听觉神经很发达。强健的钩爪，敏捷的身手，使它成为森林中一个无声的杀手。

猫头鹰的生活习性

猫头鹰大多栖息于树上，部分种类栖息于岩石间和草地上。绝大多数是夜行性动物，昼伏夜出，白天隐匿于不易被察觉的树丛岩穴或屋檐中，到了夜晚出来活动。一贯夜行的猫头鹰，如果在白天外出活动，飞行时就会极度颠簸不定，就像喝醉了酒。

大多数种类的猫头鹰食物专以鼠类为主，也吃昆虫、小鸟、蜥蜴、鱼等动物。猫头鹰在扑击猎物时，其听觉仍起定位作用。它能根据猎物移动时产生的响动，不断调整扑击方向，最后出爪，一举将它拿下。

↑猫头鹰

猫头鹰是色盲，但它的视力很棒。它的眼睛构造特殊，与一般白天活动的各种鸟类不同。在猫头鹰的视网膜上，分布着两种感觉细胞——视杆细胞和视锥细胞。视杆细胞对光线有很大的敏感性；而视锥细胞则有感觉颜色的能力。

猫头鹰眼睛的特点，就是视杆细胞特别多，而视锥细胞特别少。所以，每当夜幕降临时，它能够看到我们所能看到的一切，从而进行捕食和避敌等活动。

猫头鹰是如何哺育子女的

猫头鹰和其他鸟类不同，卵是逐个孵化的，在产下第一枚卵后，便开始孵化。然后隔几天再继续产下另一枚卵，往往最早出生的是个体最大的，最迟出生的则是最小的。最小的幼鹰没有可以保证质量的生活，当母鹰捕食很少时，最小的猫头鹰往往会被饿死。而体型较大的猫头鹰则有可能存活下来，如果所有新出生的幼鹰都一样大，那么这个家庭则可能面临着全部死掉的危险。

扩展阅读

古希腊人把猫头鹰尊为雅典娜和智慧的象征，是因为希腊神话中的智慧女神雅典娜的爱鸟是一只小鸮，它是猫头鹰的一种，被认为可以预示事件。

在日本，猫头鹰被称为福鸟，它还成为长野冬奥会的吉祥物，代表着吉祥和幸福。

在英国，人们认为吃了烧焦以后研成粉末的猫头鹰蛋，可以矫正视力。约克郡人则相信用猫头鹰熬成的汤可以治疗百日咳。

加拿大温哥华印第安人的后裔现在仍保留猫头鹰的图腾舞，不但有大型木雕的猫头鹰形象，而且舞者衣纹也为猫头鹰，并且全身披挂它的猎获物——老鼠。

企鹅
——优雅的南极绅士

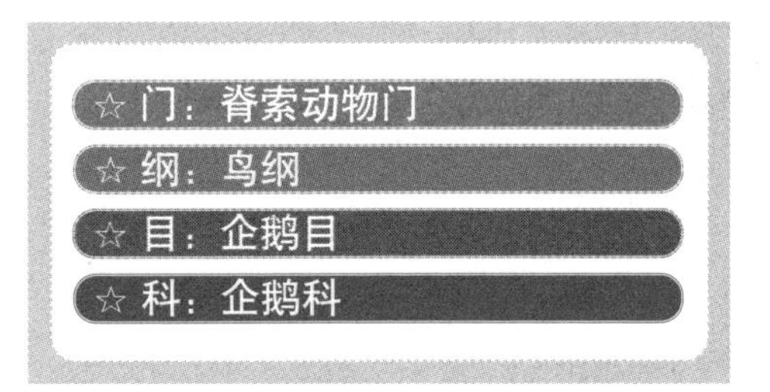

☆门：脊索动物门
☆纲：鸟纲
☆目：企鹅目
☆科：企鹅科

企鹅绝对是一种可爱的动物，它黑白相间的肤色，胖嘟嘟的身体，再加上走起路来左一晃右一晃，真是可爱极了。企鹅是南极动物的代表，特征是不能飞翔。它的脚长在身体最下部，故呈直立姿势；它的前肢呈鳍状；它短小的羽毛可减少摩擦和湍流，羽毛间还存留一层空气，用以绝热。这样一群生活在严寒南极的小动物，足以吸引你的眼球。

企鹅的大家族

企鹅是地球上数一数二的可爱动物，世界上共有18种企鹅，它们均分布在南半球。别以为企鹅只生活在寒冷的南极，它们在炎热的非洲大陆南非旅游城市开普敦也存在着。企鹅常以极大数目的族群出现。企鹅不会飞，但有化石显示的资料说，最早的企鹅是能飞的！

后来直到65万年前，它们的翅膀慢慢发生变化，演化成能够下水游泳的鳍肢，于是就成了目前我们所看到的企鹅。企鹅主要吃小鱼及小虾类动物，其寿命通常很长，能活二三十岁。

企鹅的南极本领

企鹅可以说是最不怕冷的鸟类，它在零下60℃的冰天雪地中，仍然能够自在生活，那么，其身体本身该具备怎样特殊的结构呢?

南极虽然严寒难当，但企鹅经过数千万年暴风雪的磨炼，全身的羽毛已变成重叠、紧密连接的鳞片状。这种特殊的羽衣，不但海水难以浸透，而且就是气温在近零下100℃，也休想攻破它保温的防线。

企鹅没有牙齿，它的舌头以及上颚有倒刺，这些倒刺可适应吞食鱼虾等食物。企鹅的双脚基本上与其他飞行鸟类差不多，但它们的骨骼相对来说较为坚硬，且又短又平。这些特征的完美配合，使得企鹅可以在水底自

↑企鹅

由游走。

企鹅的双眼由于具有平坦的眼角膜，所以可以在水底及水面看清任何东西。双眼可以把看到的影像传至脑部，使之产生望远作用，另外，其双眼上的盐腺还可以排泄掉多余的盐分。

陆地上行走的可爱企鹅

在企鹅的一生中，生活在海里和陆上的时间约各占一半，我们都知道，企鹅可以在水里自由游泳、玩耍，在水中的它们显得尤为欢快。

而在陆上行走时，它们行动却显得很笨拙却也不失可爱。瞧，它们脚掌着地，身体直立，正努力依靠尾巴和翅膀维持平衡呢。当遇到紧急情况时，它们能够迅速卧倒，舒展两翅，在冰雪上匍匐前进，有时还可在冰雪的悬崖、斜坡上，用尾和翅掌握方向，迅速滑行。

企鹅游泳的速度十分惊人，成年企鹅的游泳时速为20～30千米，比万吨巨轮的速度还要快，甚至可以超过速度最快的捕鲸船。它那厉害的跳水本领可与世界跳水冠军相媲美，它能跳出水面2米多高，并能从冰山或冰上腾空而起，跃入水中，潜入水底。

因此，企鹅荣获“游泳健将”“跳水能手”和“潜水能手”三大荣誉。

有趣的企鹅家族

美丽可爱的企鹅们有时会排着整齐的队伍，面朝一个方向，好像一支训练有素的仪仗队，在等待和欢迎远方的来客；有时它们则排成距离、间隔相等的方队，就如同团体操表演的运动员，阵势十分整齐，颇为壮观。

企鹅的性情憨厚、大方，十分逗人。尽管它的外表显得有点高傲，甚至盛气凌人，但是，当人们靠近它们时，它们并不望人而逃：有时会装得若无其事，等着你的靠近；有时又会表现得羞羞答答，不知所措；有时还会东张西望，交头接耳，像是在讨论为什么来的客人和它们不一样似的。

企鹅那种憨厚并带有几分傻劲儿的神态，常会逗得人哈哈大笑。它们的世界真是多姿多彩，其乐无穷。

海鸠
——海上的“绅士先生”

☆ 门：脊索动物门
☆ 纲：鸟纲
☆ 目：鸥形目
☆ 科：海雀科

海鸠因体形略似鸠鸽类鸟，因此有时也被称为“海鸽”。海鸠是一种生活于太平洋、大西洋北部的鸟类，它擅长潜水捕鱼，除繁殖期以外，它一般很少上岸。其繁殖一般都选择在悬崖边缘，每次只产一卵。我国最常见的一类海鸠叫做短嘴海鸠。

海鸠的多样别名

海鸠外貌酷似企鹅，很多渔民都称它为“爱丽哥”。秋天到了，爱美的海鸠们就要重新脱毛换羽了，它们脱去原先有点灰蒙蒙的“夏装”，变成一身洁白雪亮的秋装，美丽极了。

但是这种外形与同一岸的鸟儿大不一样，渔民又以为它是另一种鸟，因此又称它为“绯鱼鸟”。另外，海鸠还有一个别名，叫“莫呃鸟”，这个名字的由来是因为它喜欢站立在岩石上，高翘着尾巴，发出一声声响亮刺耳的“莫”声，随之再拖着一长串卷舌的“呃”声，因此得名。

探究海鸠的神秘世界

成年海鸠体长约有40厘米，它们的潜海本领很强，通常会潜入海水四五十米的深度去捕获小鱼。随着深度的增加，海水的压力会变得越来越大，在海水八九十米深处，每平方米的横截面积受到的压力比在海面时大近90吨。这时潜入海水深处的海鸠不仅要具备发达的呼吸系统，还要具有特殊的身体结构来抵抗海水的巨大压力。

然而海鸠并不是潜水最深的海鸟，有一种海雀潜水深度可达192米，而不会飞的帝企鹅潜水深度也可达到483米。

筑巢的奇怪传说

生活在太平洋沿岸地区的海鸠，虽生着短尾，翅膀又窄又短，但天生是游泳好手。海鸠会“生产”一种奇怪的“不倒翁”，这种“不倒翁”就是它们所产的蛋。

海鸠通常在海边的岩石上筑巢建窝，它所选的地方通常让人难以理解，因为岩石上的风特别大，足以吹跑它辛苦下的蛋。而且它每次还只产一个蛋，要是这个蛋被风吹跑了，那它岂不是就要绝种了！

然而敢做这样的决定，海鸠必定是有把握的，它才不会让它的家族面临绝种的危险呢。瞧，雌鸟将蛋产在峭壁上，狂风吹来时，海鸠蛋只会原地滴溜溜地打转，而绝不会被风刮跑。这是因为海鸠蛋的重心极低，样子就像永远倒不了的不倒翁。或许我们人类的祖先在制造不倒翁的时候，就是受到了这类鸟蛋的启发。

雄海鸠的“绅士”风度

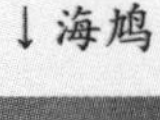

说起产蛋，海鸠家族还有一个让人极为感动的习性，那就是雄海鸠的“绅士”风度。雄海鸠在求爱时表现的绅士风度令人叫绝，它求爱时连连向雌海鸠鞠躬，朝天张开黄艳艳的大嘴，发出一声声的高叫。然后，雄海鸠之间就要开始一场争夺情侣的“决斗”了，它们“决斗”也表现得相当绅士，只是“点到为止”，并不将失败的一方置于死地。它们决斗时站在悬崖壁上，气势汹汹地扭在一起，互相用嘴咬住对方，但一旦快要堕下崖壁便马上松口。

通过“决斗”，雌海鸠会选其中勇敢又有风度的绅士作为情侣，它们并排站在一起，互相用喙梳理对方羽毛，显得极为亲密。然后，它们就要进入巢内，交配成亲了，2周后，雌海鸠便能下蛋了。然后经过1个多月的孵化，身上长着黑色绒毛的雏鸟就破壳而出了。

↓海鸠

神奇的世界

第五章

多才多艺的水生生物

生活在海里的水生生物，更是神奇得不得了。它们多才多艺、千奇百怪，有能在水里发电的电鳗，有会建造房子的章鱼，有水族里大名鼎鼎的神枪手射水鱼，还有聪颖无比的海豚大师……鱼类生物终年生活在水中，它们用鳃呼吸，用鳍辅助身体平衡与运动，它们体态多姿、色彩艳丽，具有较高的观赏价值。海里的世界真是一个不可小视的神秘国度啊！

电鳗
——能发电的鱼

☆ 门：脊索动物门
☆ 纲：辐鳍鱼纲
☆ 目：电鳗亚目
☆ 科：裸背电鳗科

电鳗是一种生活在南美洲亚马孙河和圭亚那河的鱼，它外形极似鳗鲡，体长2米左右，体重可达20多千克。它的体表光滑无鳞，身体背部为黑色，腹部则是橙黄色。其背鳍和腹鳍都已退化，臀鳍特别长，是主要的游泳器官。电鳗是鱼类中放电能力最强的淡水鱼类，尾部具有发电器，能随意发出电压高达650伏特的电流，所发电流主要用以麻痹鱼类等猎物，有水中“高压线”之称。

水中“高压线”的故事

电鳗，能产生足以将人击昏的电流。关于电鳗能发电的特点有一个虚构的故事，说在南美大陆的丛林中，有一片极为富饶的地区，黄金到处都是。为了寻找这个天然宝库，由西班牙人迪希卡率领的一支探险队，沿亚马孙河逆流而上，来到了一大片沼泽地的边缘。那时正值旱季，沼泽几乎都干涸了，只有远处的几个小水塘在中午的阳光下闪烁着耀眼的光芒。

探险队来到了小水塘边，突然，几个探险队雇佣的印第安人大惊失色，

眼中充满恐惧的神情，不敢从池水里走过去。于是迪希卡命令一位西班牙士兵给印第安人做个样子，先从池水里走过去。这位士兵满不在乎地向水中走去。可是，才刚走了几步远，他就像被谁重重地打了一下似的，大叫一声倒在地上。后来前去救他的伙伴也同样被看不见的敌人打倒在地，躺在泥水之中。

几个小时以后，见水中没了动静，士兵们才小心翼翼地走到水里，把3个伤兵救了出来。被救出时，他们3人的脚都已经麻痹了。

后来，人们才知道，这个看不见的怪物就是淡水电鳗。

电鳗发电是为了生存

电鳗发电器的基本构造与电鳐相类似，是由许多电板组成的。它的发电器分布在身体两侧的肌肉内，身体的尾端为正极，头部为负极，电流是从尾部流向头部。当电鳗的头和尾触及到敌人的身体，或是受到刺激时都会发出强大的电流。

电鳗放电的主要原因是出于生存的需要，因为电鳗要捕获其他鱼类和水生生物，放电就是获取猎物的一种最有效的手段。它所释放的电量，能够轻而易举地把比它小的动物击死，有时还会

↓电鳗

击毙比它大的动物，如正在河里涉水的马和游泳的牛都敌不过电鳗强大的电流，遇到它，都会被击倒。

当电鳗遭到袭击的时候，它会通过放电来一举击退敌人的进攻。电鳗不仅利用放电来寻找食物和对付敌害，同时，它还能放电用于水中通信导航。当雄电鳗接近雌电鳗时，电流的强度会发生变化，不要觉得奇怪，这是它们在互相打招呼呢！

电鳗"电话"求爱

电鳗会利用自己能发电的独特功能展开"电话"求爱活动。当雄性电鳗看上另一半时，它会发出电流脉冲，向雌性电鳗求爱。雌性电鳗收到雄性电鳗发出的"无线电话"后，会立即做出回应，也是利用电流脉冲回"电话"。

而在家庭成员众多的海洋世界中，它们在求爱活动时，从来不会担心搞错"对象"。这是因为每条电鳗用的"无线电台"会发出不同频率的电流脉冲，形成独特的电场，再加上电鳗鱼听觉极为灵敏，能辨认间隔仅四亿分之一秒差别的电流脉冲，所以，双方都不会出错。

当它们通过特殊的电流脉冲"语言"取得联系后，雌性电鳗鱼就会到约定地点赴约，与雄性电鳗鱼结成夫妻，然后"生儿育女"。

电鳗虽有较好的听觉，但它的视力却很差，所以在赴约的过程中都是靠"电力"探路。它们不断发电，依靠感知电场的细微变化，能迅速计算出障碍物的位置，顺利绕过障碍物，到达目的地。

发电带来的弱点

电鳗能发电虽给它带来了无数光辉，但是也正是这一特点常使得它成为别人的猎捕对象。

电鳗肉味鲜美，富有较高的营养价值。虽然它能释放出强大的电流，但南美洲土著居民利用电鳗连续不断地放电后，需要经过一段时间休息和补充丰富的食物，才能恢复原有放电强度的特点，对其进行捕捉。它们先将一群牛马赶下河去，激怒电鳗，使它不断放电，等到电鳗放完电精疲力竭时，就可以直接捕捉了。

知识链接

其实，放电的本领并不是只有电鳗才有。现已发现，在世界各地的海洋和淡水中，能放电的鱼有500多种，如电鳐、电鲠、电鲶、电鲶等，人们将这些鱼统称为"电鱼"。有一种非洲电鲶，本身也带有强大的电压，能产生350伏的电压，可以击死小鱼，将人畜击昏；被称为"电击冠军"的南美洲电鳗，能产生高达880伏的电压；北大西洋巨鳐放一次电，能把30个100瓦的灯泡点亮。

乌贼

——投放烟幕弹的鱼

- ☆ 门：软体动物门
- ☆ 纲：头路钢
- ☆ 目：乌贼目
- ☆ 科：乌贼科

乌贼又叫墨鱼，是一种生活在海洋里，游泳速度最快的无脊椎动物。它虽叫“墨鱼”，但并不属于鱼类，只是因为它能够像鱼类一样游泳，而且经过漫长的时间，它的身体也发生了更适于游泳的巨大变化。乌贼不但游泳本领高，而且在遇到强敌时，还会以“喷墨”作为逃生的方法，伺机离开。

乌贼施放烟幕弹

在茫茫大海里，乌贼算不上是强者，当它在海面上自由漂浮的时候，常常会遭到大鱼的袭击。瞧，一场战争上演了，一只乌贼在拼命逃跑，后面紧跟着一只穷追不舍的大鲨鱼。眼看大鲨鱼就要咬住乌贼了，在这生死存亡的关键时刻，只见乌贼呼地喷出了一股浓黑的墨液，就像一颗“烟雾弹”，在水中迅速散成烟雾状，企图迷惑大鱼。

狡猾的鲨鱼没有被迷惑，立刻冲出“烟雾阵”，又直向乌贼追去。乌贼随后又赶紧在水中吐出一团黑色浓液，这种浓液像及了自己的形态，于是大鱼直向黑影扑去，就在刚触到黑影的时候，黑影突然“爆炸”，在大鲨鱼周围形成了一层浓浓的黑幕。一圈圈散开的墨汁，把大鱼团团围住，它被弄得晕头转向，只好放弃了乌贼。

真是一场精彩的搏斗啊，看来乌贼的烟幕弹不容小觑啊！

神奇的“烟雾弹”

乌贼体内直肠末端生有一个墨囊，囊的上半部是墨囊腔，是贮备墨汁的场所。下半部是墨腺，其细胞内充满了黑色的颗粒，衰老的细胞会逐渐破裂，随后形成墨汁，进入墨囊腔以后，就会被暂时储存起来。

乌贼遇到侵害时，一般可以连续施放5～6次“烟雾弹”，持续十几分钟。其喷出的墨汁染色力很强，可以在5分钟内将5000升的水染黑。另外，这种墨汁里还含有麻醉剂，既可麻痹敌人的嗅觉，还可麻醉小鱼小虾，以便乌贼更好地捕食。

然而不到万不得已的时候，乌贼是不会随意释放墨汁的，因为储存一腔墨汁需要很长的时间。

大王乌贼的巨大威力

一般乌贼的墨汁可以在5分钟内染黑5000升的水，而大王乌贼喷出的墨汁，能够把成百米范围内的海水都染黑，由此可见，它的威力有多大。

大王乌贼生活在深海的水域里，通常人们难以观察到这一神秘“海中巨人”的庐山真面目。19世纪的一次记载中说道，大王乌贼身长为3米，触手长达15米；它的眼睛直径达30厘米，这个体积在整个动物世界里都是罕见的。

大王乌贼的天敌是抹香鲸，它们一旦在海中相遇，总少不了一场生死搏斗。动物学家晋科维奇曾在1938年真真切切地目睹了两强相遇的惊心动魄的场面。那是一个风平浪静的早晨，晋科维奇突然发现在平静的湖面上闪现一条抹香鲸，在不断地翻滚拍打，就好像是被鱼叉刺中而拼命挣扎。后来猛地看去才发现，抹香鲸硕大的头上像是套上了一个特大号的超级花圈，花圈的形状一直在时而大、时而小地变化着。仔细一看，才知道原来那是一条大王乌贼的触手，正在死死纠缠鲸鱼的大头。抹香鲸试图运用猛烈拍击海面的手法，来击昏对手。于是它反复地将全身跃出海面，凶猛地拍击翻滚，最后终于将乌贼制服。

扩展阅读

世界上最小的乌贼是生活在日本海浅海水草里的雏乌贼，它的身长不超过1.5厘米，和一颗花生的大小差不多，体重只有0.1克。其模样和一般的乌贼非常相

似，只是背上多了一个可以吸附在水草上的吸盘。雏乌贼平时在水草上休息，一旦发现猎物便突然出击，吃饱后，又回到水草上安静地休息，等待下一个猎物。

最奇怪的乌贼

有一种叫做玻璃乌贼的动物，它的外套膜看起来就像人们跳波尔卡时穿着的舞裙，上面漂亮的圆斑点使得它看起来有点像卡通片里的形象，简直有意思极了。

↓乌贼

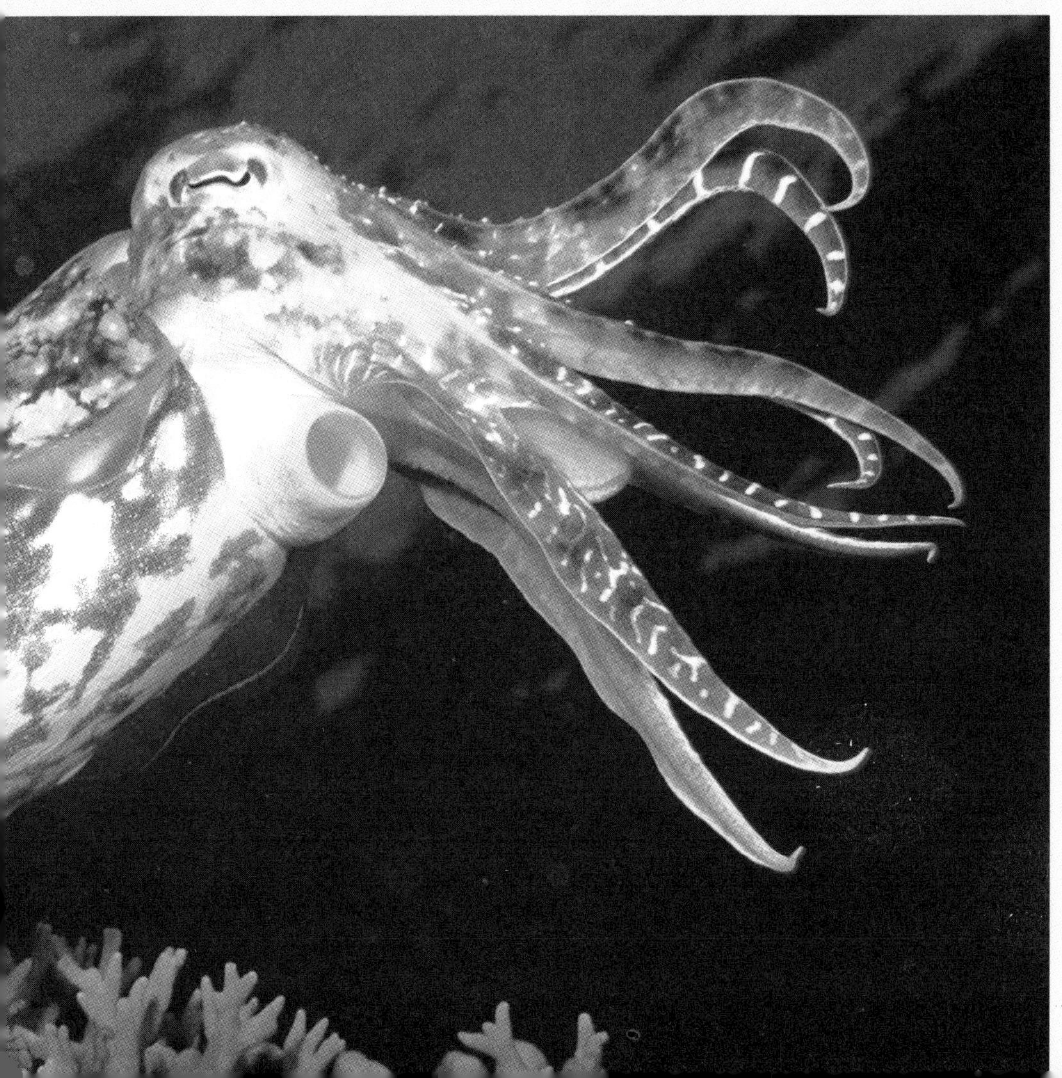

会发光的乌贼

在乌贼的王国里，还有一种体型很小的萤乌贼。它是一种会发光的乌贼，身上长有好几个发光器，腹面有3个，有的眼睛周围还有一个。它发出的光可以照亮30厘米远，当它遇到天敌时，便会射出强烈的光，常能把天敌吓得仓皇而逃。

章鱼
——会建造房子的鱼

☆门：软体动物门
☆纲：头足纲
☆目：八腕目
☆科：章鱼科

章鱼是一种生活在海洋里极其霸道、残忍好斗且又足智多谋的一类水生动物。它最与众不同的是，有八条像带子一样长的脚，弯弯曲曲地漂浮在水中，因此又被称为“八爪鱼”。它是一类极为有才的动物，具有建造房子的独特本领。

章鱼的厉害武器

章鱼是一种极为敏感的动物，它的神经系统是无脊椎动物中最复杂、最高级的。它的感觉器官中最发达的是眼，眼睛很大且构造极为复杂，前面有角膜，周围有巩膜，还有一个能与脊椎动物相媲美的发达的晶状体。此外，眼睛后面的皮肤里有个小窝，这是一个不同寻常的小窝，是专管嗅觉用的。

章鱼最厉害的武器是它那八条感觉灵敏的触腕，每条触腕上约有300多个吸盘，这些吸盘能强有力地抓捕自己喜欢吃的食物。每当章鱼休息的时候，总有一两条触腕在值班，值班的触腕在不停地向四周移动着。

惊人的变色能力

章鱼有十分惊人的变色能力，它可以随时变换自己皮肤的颜色，使之和周围的环境协调一致。即使是受伤的章鱼，仍然有变色能力。

章鱼的皮肤下面隐藏着许多色素细胞，里面装有不同颜色的液体，每个色素细胞里还有几个扩张器，可以使色素细胞扩大或缩小。当它在表现恐慌、激动、兴奋等情绪时，皮肤颜色都会发生改变。

章鱼的建筑本领

章鱼喜欢钻进动物的空壳里居住，每当它找到牡蛎以后，就会在一旁耐心等待。在牡蛎开口的一刹那，章鱼就赶快把石头扔进去，使牡蛎的两扇贝壳无法关上，然后章鱼就乘机吃掉牡蛎的肉，自己则钻进壳里安家。

其实章鱼的智力水平远不止于此，它还会巧妙地利用触腕移动石头。石头既是它们的建筑材料，又是防御外来敌害攻击的“盾”。一旦自己没有可藏身的地方时，章鱼就会自力更生地建造住宅。它们会把石头、贝壳和蟹甲堆砌成火山喷口似的巢窝，隐居在里面。

章鱼每次建造房屋时，都是在半夜三更时分进行。午夜之前，没有一点动静，午夜一过，它们就好像接到了命令似的，八条触手一刻不停地搜集各种石块。有时章鱼可以运走比自己重5倍、10倍，甚至20倍的大石头，垒起围墙后，再找来一块平整的石片做屋顶，于是小房就建好了。

房屋建好后，章鱼便会懒洋洋地钻进去睡大觉了。为了防备敌人，它让两只专司保卫职责的触手伸出室外，不停地摆，好似“站岗放哨”一般。一旦有敌人侵入，章鱼便会醒来，或是应战或是弃屋逃跑。

小章鱼为什么见不到妈妈

章鱼妈妈是世上最尽心，也是最富有自我牺牲精神的伟大母亲，它一生只生育一次，一次可产数百至数千个卵，藏于自己的洞穴之中。在孵化过程中，章鱼妈妈总是寸步不离地守护着洞穴，守护着自己的孩子，不吃也不睡。

这种母爱行为一直持续到小章鱼出壳的那天，看到小章鱼安全出生，章鱼妈妈就像是完成了自己一生的职责，精疲力竭地死去。

↓章鱼

比目鱼
——具有隐身术的鱼

☆门：脊索动物门
☆纲：辐鳍鱼纲
☆目：鲽形目
☆科：鲆科、鲽科、鳎科

比目鱼是生活在海洋里的一种美丽的小鱼，又叫鲽鱼，喜欢栖息在浅海的沙质海底，具有隐身本领，主要靠捕食小鱼虾为生。它是一种长相很奇怪的鱼，两只眼睛长在同一边，被认为是两条鱼并肩而行，因此得来这个名字。比目鱼身体扁平，表面有极细密的鳞片，身上只有一条背鳍，从头部几乎延伸到尾鳍。它们主要生活在温带水域，是温带海域重要的经济鱼类。

比目鱼奇怪长相的由来

比目鱼单凭一双长在同一边的眼睛就足以吸引人们的注意，但是这种奇异形状的长相并不是与生俱来的。刚孵化出来的小比目鱼的眼睛也是生在两边的，在它长到大约3厘米长的时候，眼睛就开始换位“搬家”了。一侧的眼睛向头的上方移动，然后渐渐地越过头的上缘移到另一侧，直到接近另一只眼睛时才停止，很奇怪、很有意思吧！

比目鱼的生活习性非常有趣，它们在水中游动时不像其他鱼类那样脊背向上，而是有眼睛的一侧向上，侧着身子游泳。比目鱼喜欢平卧在海底，身体表面覆盖着一层沙子，只露出两只微小的眼睛观察周围的动静，看是否有鱼虾类的小猎物游来，同时还可躲避它的天敌来袭。

如此一来，它奇怪的长相就显示出独特的优势了，当然这也是动物进化与自然选择的结果。

高超的隐身术

在危机四伏的海底世界里，美味可爱的比目鱼成了各种捕食者的猎捕对象。为了躲避天敌蛮不讲理的侵犯，比目鱼练就了一身高超的隐身术，这种隐身术便是比目鱼的肤色有可变化的保护色。

聪明机灵的比目鱼能根据周围环

境的变化而迅速改变自己的体色。针对这一技能，科学家们曾作过试验，把水族箱背景染成白、黑、灰、褐、蓝、绿、粉红和黄色的不同区域。他们惊奇地发现，比目鱼可以在通过不同的色彩背景时，迅速变化成同背景一致的颜色，简直神奇极了。

后来研究表明，比目鱼的真皮内含有大量色素细胞，每个色素细胞内，又分布着许多细微的色素输送导管。当比目鱼的眼睛体察出周围环境色彩的变化时，它的体内便能自动产生与环境相一致的色素，然后通过导管扩散或聚集，魔术般地变化出与环境背景一模一样的色彩和斑纹。

拥有这种高超的隐身术，即使是在危机四伏的海洋世界里，比目鱼也能如鱼得水般来去自如。

比目鱼长在一边的眼睛还被认为是成双成对的意思，后来形容为形影不离，或泛指情侣，所以比目鱼又被人们看做是爱情的象征。

扩展阅读

在千奇百怪的大自然里，虽然能变色的动物只有比目鱼、变色龙、变色蜥蜴、树蜥等数种，但不能变色的许多动物仍会用保护色来与环境保持一致，达到隐身的目的。如颜色鲜艳的热带鱼类，其颜色并不是为了炫耀自己的美丽引人注意，而是与热带浅海珊瑚礁丛中绚丽的环境色彩保持一致。当猎食者在珊瑚礁周围游弋时，面对一大片彩色斑驳的破碎图像会很难发现隐身其间的美丽小鱼。又如生活在寒带或深海里的鲨鱼、鲱鱼、金枪鱼、鲭鱼等鱼类，它们色彩则较为灰暗，是因为它们所处环境中海水色彩单调，而这种黯淡的色彩正好可以达到隐身的效果。

↓生活在美国加利福尼亚的比目鱼

琵琶鱼
——女儿国里的“小丈夫”

☆ 门：脊椎动物亚门
☆ 纲：硬骨鱼纲
☆ 目：鮟鱇目
☆ 科：鮟鱇科

琵琶鱼又称“电光鱼”，是一种生活在海洋里的形状怪异的鱼类。它身体扁平，头很大，背鳍和胸鳍都很发达，还有一条和马鞭差不多长的长尾。体长一般在45厘米左右，最长可达2米，从鱼体的背面俯视，很像一把琵琶，因此被称为“琵琶鱼”。值得惊奇的是这种鱼类居然只有雌性没有雄性。

形态奇特的“电光鱼”

琵琶鱼一般生活在海平面以下2～500米深处，喜欢与沙砾为伴，以海洋中的各种小型鱼类或幼鱼为食。说到捕食，就要说说琵琶鱼独特的“捕食工具”了。

在琵琶鱼头部的吻上通常有一个钓竿状的结构，“钓竿”的末端有一个肉质的突起，看上去很像蠕虫，聪明的琵琶鱼就是用它来诱捕贪食的鱼类的。

由于长期生活在缺乏光线的深海里，所以这个“钓竿”的末端通常还有发光器官。发光器官中含有一种叫做“荧光素”的物质，这种物质可在荧光素酶的氧化作用下发出冷光，可以帮助琵琶鱼更好地诱捕猎物。所以琵琶鱼又被称为“电光鱼”。

阴险狡诈的琵琶鱼

身形好看的琵琶鱼，本质却阴险狡诈，它常常摇头摆尾、搔首弄姿来诱惑猎物。琵琶鱼捕食猎物的方式也很有特色，大多数动物都是先隐藏，后突击敌人，而琵琶鱼却是堂而皇之地把猎物诱骗到自己的餐桌上，一把将它拿下，然后慢慢享用。

琵琶鱼不仅利用它背上像蠕虫一样的鱼鳍来诱惑小鱼，此外，在猎捕前还会乔装打扮一番，使鱼鳍看上去与自己的身体相分离，像是珊瑚丛中长出的一束水草，以便更好地诱骗猎物。

女儿国里的“小丈夫”

看似风光的琵琶鱼却也有不得已的苦衷——它们生活的国度里只有雌性，没有雄性，这样一个“单纯”的国度还真是让人感到无比困惑。常识告诉人们，没有雄性的鱼类是不可能生儿育女、繁殖后代的。那么琵琶鱼是怎样传宗接代的呢？

科学家们经过仔细观察，才发现原来所有的奥秘都在雌鱼背上附着的一个个小不点儿，这些小不点儿就是雌琵琶鱼的“丈夫”。

小小的雄琵琶鱼在深海中漫游，遇到雌琵琶鱼时，便会立即叮吸住雌鱼的肉体，与它完全结合在一起。这种彻底的结合使得雄鱼和雌鱼血脉相通，雄鱼可从雌鱼身体内获得氧气和营养物质。没有眼睛，连消化系统都没有的雄琵琶鱼，躺在妻子的“怀里”，日子过得舒服极了。

雄琵琶鱼虽然没有什么像样的器官，但是却有一对发育完善的能产生精子的睾丸，而雌琵琶鱼养活雄性寄生者的唯一目的就是要得到它的精子。一条雌琵琶鱼有多至6个以上的小丈夫，它能随心所欲地在任何时间、任何地点与雄琵琶鱼进行交配。

瞧，女儿国的“小丈夫”们的生殖方式多么有趣！

扩展阅读

鮟鱇鱼是琵琶鱼的一类，又叫老人鱼，它是一种长得很难看的鱼。胖胖的身体、大大的脑袋、一对鼓出来的大眼睛、大嘴巴里长着两排坚硬的牙齿，很是难看。它有一个特点，就是它发出的声音像是老爷爷咳嗽一样，因此有“老人鱼”之称。

它全身唯一的亮点就要算头上的那盏小灯笼了，这盏小灯是作为诱饵，用来捕食猎物的最有效手段。小灯笼之所以会发光，是因为在灯笼内具有腺细胞，能够分泌光素。光素在光素酶的催化下，与氧进行缓慢的化学作用而发光的。

↓琵琶鱼

海马
——深海里的人参

☆门：脊索动物门
☆纲：鱼纲
☆目：海龙目
☆科：海龙科

海马是一种奇特而珍贵的近陆浅海小型鱼类，它头部像马，尾巴像猴，眼睛又长得像变色龙，它还有一个鼻子，整个身体就像一个有棱有角的木雕，有趣极了。海马虽被称作马，却不像马那样强壮，它在海洋中属于弱者，没有任何抵抗能力。所以不要被它强势的“海马”名字给骗了。

海马的生活习性

海马的生活习性较为特殊，一般生活在沿岸带，或在海藻以及其他水生植物间。海马性情懒惰，常以踡曲的尾部缠附于海藻的茎枝之上，有时也倒挂在漂浮着的海藻或其他物体上，随波逐流。即使是因为摄食或其他原因暂时离开缠附物，游泳一段距离之后，又会找到新的物体附在上面。

海马的游泳能力很差，但游泳姿势很美。它游泳时常保持直立状态，依靠各鳍推进和改变鳔中的含气量而上升或下沉，或做出波状摆动，或做缓慢的游动。

海马一般多在白天活动，晚上处于静止状态。海马在水质变劣、氧气不足或受到敌害侵袭时，常常会因咽肌收缩发出“咯咯”的响声，同时在摄食水面上的饵料时也会发声。它是靠鳃盖和吻的伸张活动吞食食物的，主要以小型甲壳动物为食，如桡足类、蔓足类的藤壶幼体，虾类的幼体及成体和钩虾等。

孕育孩子的雄海马

海马繁殖十分有趣。雄海马在性成熟前，尾部腹面两侧长起两个条纵的皮褶，随着皮褶的生长逐渐愈合成一个透明的囊状物——“孵卵囊”，这是繁殖用的一种奇怪的育儿袋。

每年春夏相交的时候，雌雄海马会在水中相互追逐，寻找情侣。找到伴侣之后，就会进行交配和繁殖了，

它们的尾部相缠在一起，腹部相对。雌海马细心地把卵子排到雄海马的育儿袋中，于是雄海马便担当起“妈妈”的角色，肩负起了孕育后代的重要责任。

等到雄海马给卵子受了精以后，袋子就会自动闭合起来。育儿袋的内皮层有很多枝状的血管，同胚胎血管网相连，供胚胎发育所需要的营养和氧气，以保证受精卵能够很好地孕育成小海马。

胎儿在育儿袋中经过20天左右的“孕期”，小海马就发育成熟了，这时候雄海马的肚子会变得很大，说明海马爸爸要“生产”啦。疲惫不堪的雄海马用蜷曲的尾巴，无力地缠绕在海藻上，依靠肌肉的收缩，不停地前俯后仰作伸屈状的摇摆，每向后仰一次，育儿袋的门开一次，小海马就会一尾接一尾地被弹出体外。

海马的繁殖能力很强，一年雌海马产卵10~20次，每次雄海马可以生出30~500尾小海马。

海洋中的人参

海马除极具观赏性外，还是一种经济价值较高的名贵中药。它具有强身健体、补肾壮阳、舒筋活络、消炎止痛、镇静安神、止咳平喘等药用功能，特别是对于治疗神经系统的疾病更为有效。海马除了主要用于制造各种合成药品外，还可以直接服用以健体治病。

因此民间素有“南方海马，北方人参”之说。

扩展阅读

在自然海域中，海马通常喜欢生活在珊瑚礁的缓流中，因为它们不善于游水，所以经常用它那适宜抓握的尾部紧紧勾在珊瑚的枝节、海藻的叶片上，将身体固定，以使它不被激流冲走。而大多数种类的海马生长在河口与海的交界处，因而，它们能很好地适应不同浓度的海水区域，甚至在淡水中也能存活。

↓海马

海豚
——聪颖的智慧大师

☆门：脊索动物门
☆纲：哺乳纲
☆目：鲸目
☆科：海豚科

海豚是一种本领超群、聪明伶俐的海中哺乳动物，它们原先栖息陆地，后来又回到水中生活，用肺呼吸。海豚是一类极为聪明的动物，它们的智力很高，可以和人类交朋友……海豚的世界多姿多彩，总让人们惊喜不断。

海豚的其乐世界

海豚是一种体型较小的鲸类，体长为1.2～4.2米。海豚有很多牙齿，它的嘴部一般是尖的，上下颌各有约101颗尖细的牙齿，主要以小鱼、乌贼、虾、蟹为食。

它是一种本领超群、聪明伶俐的海中哺乳动物，经过训练，就能很熟练的玩球、跳火圈之类的游戏。除人以外，海豚的大脑是动物中最发达的，大脑体重约占身体的1.7%。其大脑由完全隔开的两部分组成，其中一部分工作时，另一部分则充分休息，因此，海豚可以终生不睡觉。

海豚是靠回声定位来判断目标的远近、方向、位置、形状，甚至物体的性质的，它不但有惊人的听觉，还有高超的游泳技术和异乎寻常的潜水本领。海豚所创下的潜水纪录是300米深，而人不穿潜水衣，只能下潜20米。海豚的速度可达每小时40英里，相当于鱼雷快艇的中等速度。

奇特的生活习性

海豚是在水面换气的海洋动物，每一次换气可在水下维持二三十分钟，如果它们在水中持续睡觉，会因无法呼吸而导致死亡。海豚喜欢过集体生活，少则几条，多则几百条，栖息地多为浅海，很少游入深海。它们会在不同的地方选择进行不同的活动，如休息或游玩时，会聚集在靠近沙滩的海湾，而捕食时则多出现在浅水或多岩石的地方。

海豚——人类的朋友

海豚是一种聪明的动物，它们既不会像森林中胆小的动物那样见人就逃，也不会像深山老林中的猛兽那样张牙舞爪。相反，海豚总是表现出十分温顺可亲的样子与人接近，比起狗和马来，它们对待人类有时甚至更为友好。

提起海豚，人们总会称赞它超常的智慧和能力。水族馆里的海豚能够按照训练师的指示，表演出各种美妙的跳跃动作。它似乎能了解人类所传递的信息，并及时采取行动。它那一系列精彩的表演不得不让人们惊叹，美丽的海洋动物居然会如此的聪明。那么，海豚的智慧和能力究竟高到什么程度呢?

海豚不仅可以与人玩耍、嬉戏，甚至当有人落水时可以将其拯救，有的故事甚至成为轰动一时的新闻。另外经过学习训练的海豚，甚至还能模仿某些人的话音。

海豚的大脑体积、质量是动物界中数一数二的。早在1959年，一位名叫利利的人对一头海豚做过试验。他把电极插入海豚的快感中枢和痛感中枢，当电流通过电极刺激海豚的快感中枢神经或者痛感中枢神经时，会产生快感或痛感。然后训练海豚触及其头上的金属小片，控制电流的通断。

如果电极插在了海豚的痛感中枢，海豚只需要训练20次就会选择切断电源的金属小片，使得痛感消失。而如果换作猴子的话，则可能需要数百次的训练，它才能学会控制开关。

↓海豚

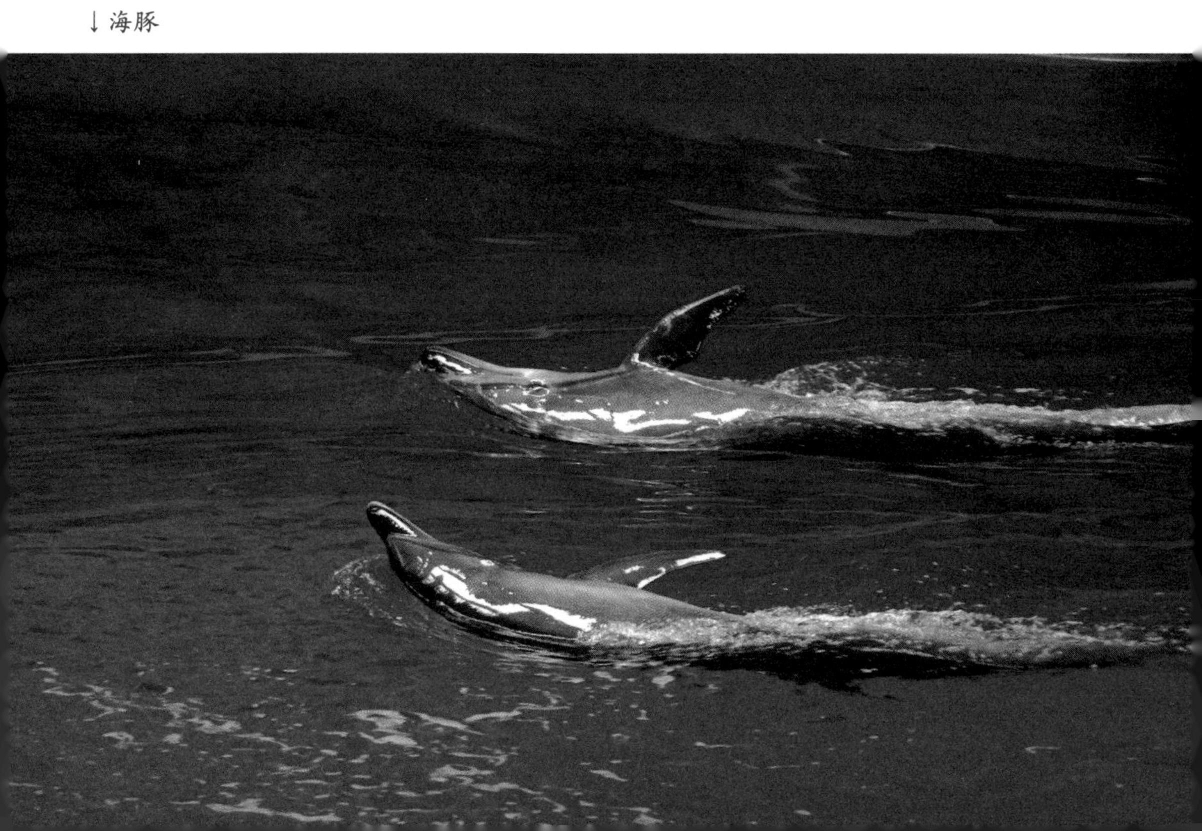

海龟
——海洋的长命寿星

☆门：脊索动物门
☆纲：爬行纲
☆目：龟鳖目
☆科：海龟总科

海龟是存在了1亿多年的史前爬行动物。海龟具有鳞质的外壳，尽管可以在水下待上几个小时，但调节体温和呼吸时还是要浮到海面上。海龟最独特的地方就是龟壳，龟壳的存在可以保护海龟不受侵犯，使它们能在海底自由游动。

古老的海龟的世界

海龟是海洋龟类的总称，它们是现今海洋世界中躯体最大的爬行动物。其中个体最大的要算是棱皮龟了，它最大体长可达2.5米，体重约1000千克，被称为巨大的海龟之王。个体最小的海龟是橄榄绿鳞龟，它只有75厘米长，40千克重。

海龟的祖先在1亿多年以前就出现在地球上，古老的海龟和中生代不可一世的恐龙一同经历了一个繁荣昌盛的时期。后来地球历经几次巨变，恐龙相继灭绝，而海龟却依然一代又一代地生存和繁衍了下来，它名副其实的古老历史和顽强而珍贵的生存意念是值得敬佩的。

海龟的生活爱好

绝大多数的海龟喜欢生存在比较浅的沿海水域、海湾、珊瑚礁附近和流入大海的河口，通常是在世界各地较为温暖舒适的海域。不同种类和同一种类内部不同群体的海龟有着各自不同的迁徙习惯，如一些海龟通常是游到几千米远的地方筑巢并喂养幼龟。其中，棱皮龟迁徙得最远，它们筑巢时，要游到5000千米远的海滩，而黑龟则喜欢在它们分布区的最南端和最北端繁殖和喂养幼龟。

海龟虽然没有牙齿，但是它们的喙却是异常锐利的。不同种类的海龟也有不同的饮食习惯，分为草食、肉食和杂食几种。其中，红头龟和鳞龟有颚，可以磨碎螃蟹、一些软体动物、水母和珊瑚；而玳瑁海龟的上喙钩曲似鹰嘴，

则可以从珊瑚缝隙中找出海绵、小虾和乌贼等；颚呈锯齿状的绿龟和黑龟，则主要以海草和藻类为食。

到了每年的产卵季节，海龟们就会不远万里、漂洋过海回到它们出生时的故土，在陆上选择地方产卵。海龟产卵的地方必须是沙质细且满潮时潮水达不到的沙滩，沙滩宽阔、坡度平缓，没有岩礁等大的障碍物，以朝南最好。

海龟爱流泪

海龟有一个很奇怪的现象，那就是它常常会无缘无故地流泪，让人很是费解。

其实，海龟流泪是因为它在吃水草的同时也吞下了大量的海水。海水中存有大量的盐，这些盐分就进入了海龟的体内，而它泪腺旁的一些特殊腺体会排出这些盐，因此就造成了我们通常所看到的海龟在岸上“流泪”的现象。

海龟和陆龟有何不同

海龟的龟壳是保护它在海底不受侵犯的重要工具，除了棱皮龟，所有的海龟都有壳。棱皮龟有一层呈现出5条纵棱而且很厚的油质皮肤。海龟与陆龟不同的是，海龟不能将它们的头部和四肢缩回到壳里。海龟的向前移动主要是靠像翅膀一样的前肢来推动的，而后肢就像一个方向舵在游动时掌控方向。

↓海龟

水母
——漂亮的海火闪烁

☆门：腔肠动物门

☆纲：钵水母纲，十字水母纲，立方水母纲

☆目：众多、不明确

☆科：众多、不明确

水母是海洋生物中一种大型的浮游动物，是腔肠动物们中的一员，也是肉食动物。它的出现比恐龙还早，可追溯到6.5亿年前。水母的寿命很短，平均只有几个月的时间，其中生活在较深海域的水母可以活得更长一些。全世界的海洋中约有超过200种的水母，广泛分布于全球各地的水域。

美丽的水母

生活在海洋里的水母身体长10～100厘米之间不等，它样子很是特别，就像一把撑开了的透明雨伞，翻过来又呈一个碟子状。整个身体共分为上、下两个部分，上部是圆形的伞部，下部周围垂挂着许多被称作腕或触手的须状物。

水母的身体中心对称，且呈透明状，主要是因为其身体内部含有98%的水分，这些水分使得它晶莹透亮。

水母身体柔软，有口，没有心脏、血液、大脑、鳃、骨骼和眼睛，只有简单的感应器官，使它们能分辨出气味和味道，并可帮助它们在水里保持平衡。

水母的秘密武器

水母虽长相美丽温顺，但性格却十分凶猛可怕。在伞状体的下面，那些细长的消化器官触手，其实更重要的作用是作为一种武器。触手的上面布满了像毒丝一样的刺细胞，这些细胞能够分泌出毒液。当猎物被刺螯以后，会迅速麻痹而死。此时触手就将它们紧紧抓住，然后缩回来，用伞状体下面的息肉紧紧吸住，每一个息肉分泌出的酵素，能迅速将猎物体内的蛋白质分解。因为水母没有呼吸器官和循环系统，所以只能将捕获的食物立即在腔肠内消化吸收掉。

人如果不小心被水母刺到，会出

现灼痛和红肿现象，但只要涂抹消炎药或食用醋，过几天就能消肿止痛。但是在马来西亚至澳大利亚一带的海面上，生活着两种分别叫做海蜂水母和曳手水母的生物，它们分泌的毒性很强。如果被它们刺到的话，就不是简单的灼痛了，在几分钟之内就会因呼吸困难而死亡，因此这类水母又被称为“杀手水母”。

水母怎样避难呢

水母不仅捕食本领大，同时它对避难还有绝招呢！水母的伞状体内有一种特别的腺体，可以放出一氧化碳，使伞状体膨胀。而当它们遇到敌害或大风暴的时候，身体内部就会自动将气放掉，使自己沉入海底。而当海面平静后，它只需短短几分钟就可以重新生出气体让自己膨胀并漂浮起来了。

水母触手中间的细柄上还有一个小球，里面有许多小颗粒的听石，这是水母的“耳朵”。海浪和空气磨擦而产生的次声波会不断冲击听石，刺激其周围的神经感受器，使得水母在风暴来临的前十几个小时就能得到信息，从海面一下子全部消失。

有着这些厉害本领的水母却也有天敌，它的天敌是可以在水母群体中自由穿梭的海龟。海龟能轻而易举地用嘴扯断它们的触手，使它只能上下翻滚，最后失去抵抗能力，从而成为海龟的腹中餐。

令人羡慕的家族情深

水母虽然是低等的腔肠动物，但却三代同堂，很是令人羡慕。水母生出小水母后，小水母虽能独立生存，但它们之间的深厚感情却使其不忍分离，因此小水母常常依附在水母身上。不久之后，当小水母生出孙子辈的水母时，它们依然是紧密联系在一起的。

↓水母

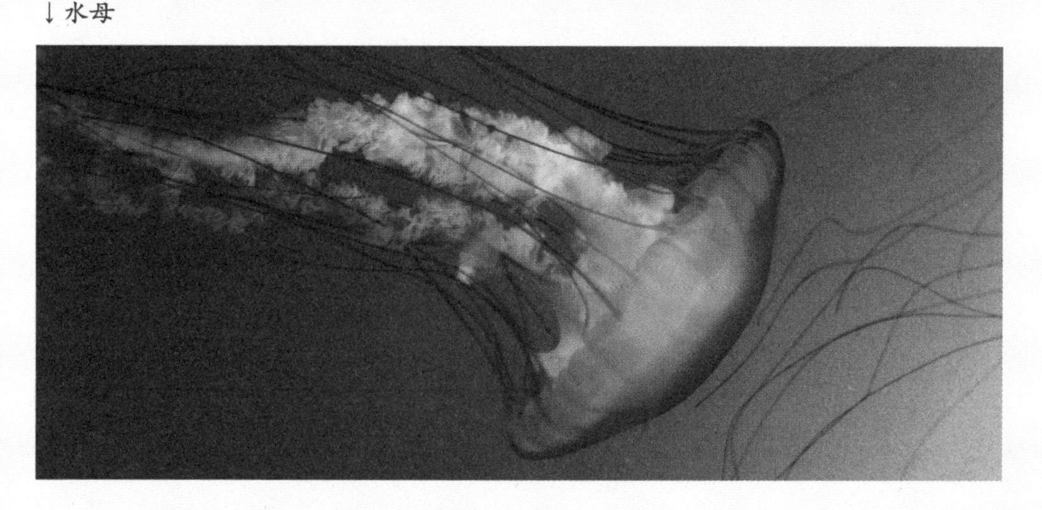

珊瑚
——绚丽多彩的水生生物

☆门：刺胞动物门

☆纲：珊瑚虫纲

珊瑚虫是一种海生圆筒状腔肠动物，自幼虫阶段就固定在先辈珊瑚的石灰质遗骨堆上，珊瑚便是珊瑚虫分泌出的外壳，形态多呈树枝状，上面有纵条纹，珊瑚颜色鲜艳美丽，可用做装饰品，且还有很高的药用价值。

美丽的珊瑚家族

在深不可测的海洋深处盛开着一簇簇迷人的“花朵”，这些美丽的“花朵”形状像树叶，且都具有五彩艳丽的颜色，看起来很是漂亮，这就是珊瑚。珊瑚种类繁多，形态多变，全世界约有2500～3000种。根据其外表特征，可将它们分为三大类：石珊瑚、软珊瑚和柳珊瑚。

石珊瑚是生长在热带海域的一种生物，它色彩鲜艳，把热带海滨点缀得格外美丽耀眼，因此浅水石珊瑚区又有“海底花园”的美称。

珊瑚的遥远历史

珊瑚礁出现在20亿年前的寒武纪时代，最初时期的珊瑚礁建立在有石灰质的藻类环境中。珊瑚生存的第一个历史时期，是2.45亿年或5.7亿年前，那是珊瑚、海绵及钙质藻类生长的鼎盛时期；在2.45亿～650万年前，由于自然环境的变更，许多珊瑚种类面临消亡，这一时期被称为珊瑚的中生时期；之后大约在650万年～200万年前，珊瑚礁开始慢慢形成，直至今天仍保留了多数的物种，称为第三时期。

珊瑚虫有有性生殖、出芽生殖和分裂生殖三种生殖方式，其中珊瑚虫产卵算是海洋中的一大盛事。每年春末是最为壮观的时候，到了这个季节，会有成千上万只珊瑚虫神奇地在同一时刻向大海排放粉红色的精卵团，以获得更多的后代。

如果是雌雄一体的珊瑚虫，它们会让受精卵在体内发育成幼虫后再排到海里，漂流在海里的珊瑚幼虫则会漂移到很远的地方，在那里如果遇到合适的生活环境，它们就会长大成为新的生命。

珊瑚是长生不老的吗

你知道珊瑚是长生不老的吗？这主要是因为它们生长缓慢，每年最多增长约1厘米。珊瑚不仅长生，而且也不存在衰老现象。如果没有人为破坏或者环境发生巨变的话，珊瑚可一直生长下去。越是年龄大、体形大的珊瑚，越不容易死亡。

这样一种长生不老的生物是“海底花园”的主要建设者之一。它身体呈圆筒状，直径为1～8毫米，上端有口，口四周长有许多用来摄取养料的小触手，下端还有可以固定在海底岩石上的基盘。珊瑚虫的胚层能分泌石灰质，等到珊瑚虫死后就会形成石灰质尸骨，然后它的子孙就在祖先的“遗骨”上，一代一代繁殖下来，慢慢就变成了珊瑚。

扩展阅读

宝石级珊瑚有红色、粉红色和橙红色。红色是由于珊瑚在生长过程中吸收海水中1%左右的氧化铁而形成的。宝石级珊瑚遇盐酸就会强烈起泡，没有荧光。

古罗马人认为珊瑚具有防止灾祸、给人智慧、止血和驱热的功能。

印度和中国西藏的佛教徒把红色珊瑚看成是如来佛的化身，他们把珊瑚作为祭佛的吉祥物，多用来做佛珠，或用于装饰神像，是极受珍视的首饰宝石品种。

↓珊瑚

神奇的世界

第六章

两栖动物和爬行动物

两栖动物出现在3.6亿年前的泥盆纪后期，它们直接由鱼类演化而来，它们的出现代表了从水生到陆生的过渡期。两栖动物生命的初期有鳃，当成长为成虫时逐渐就演变为肺。两栖动物是可以同时生活在陆上和水中的一类动物。

它们是动物界中第一批真正摆脱对水的依赖，勇敢征服陆地的脊椎动物，同时它们也是统治陆地时间最长的动物，能够适应各种不同的陆地生活环境。它们所主宰的中生代是整个地球生物史上最引人注目的一个时代。在那个时代，它们不仅仅是陆地上的绝对统治者，同时还是海洋和天空的统治者，它们所创造的辉煌是地球上任何一类其他生物所没有过的，它们就是庞大的爬行动物一族。

青蛙
——著名的害虫天敌

☆ 门：脊索动物门
☆ 纲：两栖纲
☆ 目：无尾目
☆ 科：蛙科

青蛙是两栖类动物，最原始的青蛙在三叠纪早期开始进化，最早有跳跃动作的青蛙出现在侏罗纪，与恐龙同时代生活。青蛙是人类的朋友，是重要的害虫天敌。不仅如此，它那熟悉而又悦耳的蛙鸣，也为大自然增添了一种恬静、和谐的美妙之声。

青蛙历史的演变

蛙类的祖先原本是在水里生活的，后来因为生活环境的改变，一些河流、湖泊变成了陆地，蛙类的祖先随着环境的改变也渐渐从水里开始向陆地发展。生活环境的改变迫使蛙类的祖先们对自己的身体器官做出了相应的“调整”。

原先一些能适应陆地生活的种类存留下来，运动器官由水里只能游动的尾巴变成了陆地和水里都能运动的四肢，呼吸器官由鳃变成了肺。但是这一转变并不十分彻底，表现在青蛙的幼体发育中蝌蚪与蛙类的不同之处，这是蛙类祖先留给它们的最宝贵的遗产。

青蛙的生活习性

演变过来的青蛙是用肺来呼吸的，但也可以通过湿润的皮肤从空气中吸取氧气。其皮肤里的各种色素细胞会随湿度、温度的高低扩散或收缩，从而使得肤色发生深浅变化。青蛙常见于稻田、池塘、水沟或河流沿岸的草丛中，有时也潜伏在水里。一般在夜晚出来捕食。

夏日里的青蛙同知了一样也喜欢放声歌唱，它一般都是躲在草丛里，偶尔短时间地喊几声，往往一只的叫声会引来旁边很多声蛙叫，好像在对歌似的。青蛙们通常在大雨过后，叫得最欢。最欢时会有几十只甚至上百只青蛙“呱呱——呱呱”地叫个没完，声音几里外都能听到，像是一曲气势磅礴的交响乐。

它们的合唱并非各自乱唱，而是有一定规律的，其中有领唱、合唱、齐唱、伴唱等多种形式，彼此之间互相紧密配合，是名副其实的大合唱。

运动健将？捉害虫能手？

青蛙的爬行动作很迟钝，但并不代表它就与运动无缘。事实上，青蛙稍稍一跳，就能跳出好远，足足有它体长的20倍距离。这对于小小的它来说，是极为厉害的了！

青蛙不仅是善于跳的运动健将，同时还是一个天生的伪装高手！看，它除了肚皮是白色的以外，头部、背部都是黄绿色的，上面还有些黑褐色的斑纹。这些颜色和草丛中青草的颜色一样，因此可以很好地用来伪装，以保护自己不被敌人发现。

青蛙是捉害虫能手，它强大的本领全靠它又长又宽的舌头，舌根长在口腔的前面，舌尖向后且分叉，上面有许多黏液。只要小飞虫从身边飞过，它就猛地往上一跳，张开大嘴，快速伸出长长的舌头，一下子就能把害虫吃掉。

青蛙的育儿奇招

春天是青蛙产卵的季节，雌蛙在水草上产卵，产下卵后，雄蛙会帮着把卵放进育儿袋中。当卵发育成为蝌蚪时，雌蛙们会爬到水源处，努力挤擦身体，让子女们离开育儿袋，走向新的世界。

智利有一种达尔文蛙。到了繁殖季节，雌蛙产下10~15枚卵，随后这些卵会被雄蛙吞进嘴里，来到喉部下面一个巨大的空腔——大声囊里。蛙卵们就是在这里面孵化成蝌蚪，孵化成的蝌蚪没有鳃，不能下水，其所需要的水分和营养由囊中内壁的体液来供应。变成幼蛙后，雄蛙一打嗝，嘴里就会有一只只幼蛙相继冒出来，这种育儿方法真的很奇特，不是吗？

↓青蛙

蝾螈
——性情古怪的家伙

☆门：脊索动物门
☆纲：两栖纲
☆目：无尾目
☆科：蝾螈科

蝾螈体表没有鳞，体形和蜥蜴较为相似。一般生活在淡水和潮湿的林地之中，因为它们是靠皮肤来吸收水分。环境到摄氏零下以后，它们会进入冬眠状态，一般多以蜗牛、昆虫及其他的小动物为食。

蝾螈的样子

水栖的蝾螈，皮肤较为光滑，身体主要由头、颈、躯干、四肢和尾5部分组成。成体全长6～8厘米，皮肤裸露，背部为黑色或灰黑色，皮肤上分布着稍微突起的痣粒，腹部有不规则的橘红色斑块。

蝾螈的颈部不明显，躯干较为扁平，四肢很发达，前肢有四指，后肢有五趾，尾侧扁而长。在水底和陆地时均用四肢爬行，在水中借用躯干和尾能上下不断弯曲摆动而游泳。

蝾螈的雄体略小于雌体，雄体活泼灵敏，雌体则腹部肥大，行动迟缓。蝾螈在饲养过程中，会有蜕皮现象。先是从头顶部蜕去外皮，然后再是躯干部、四肢和尾部蜕皮。蝾螈蜕下的皮，有时会被自己吞食掉，有时则是被同伴吃掉。

水中繁殖的蝾螈

蝾螈是很害羞的动物，它们通常藏在潮湿的地方或水下，皮肤光滑且有黏性，尾巴很长，头部很圆。绝大多数的蝾螈终生在水中生活，还有一些则是完全生活在陆地上，甚至有些完全是在潮湿黑暗的洞穴中生活。但是大多数的蝾螈，不管是在陆地上还是在水中生活，都要在水中繁殖。

蝾螈所经历的一系列发育过程被称为蜕变。陆栖蝾螈在陆地产卵，幼虫的发育发生在卵内。刚孵化出来的幼仔，看上去就像成年的微缩版。水栖的蝾螈则是在水中产卵，卵孵化后会成为像蝌蚪一样的幼虫。还有些蝾螈不产卵，可直接生下完全成形的幼仔。

蝾螈在什么地方过冬

蝾螈没有明显的冬眠现象。在温度适宜的春夏两季，蝾螈在水中非常活跃，常在水底和水草下面活动，一般隔上几分钟就要游出水面透气。而入冬之后，蝾螈则喜欢潜伏在水底、钻进潮湿的石窟或石缝内，通常不蹿出水面。

当水面干涸或上面有薄冰时，蝾螈往往会伏在水草、石块间，甚至是移到陆地上，伏在树洞或地面的裂缝中过冬。

大多数的成年蝾螈白天躲起来，晚上出来觅食。有些则是在繁殖季节才从地底下出来，或者是到温度适宜生存的情况下，才会出来露面。

厉害有毒的蝾螈

蝾螈无论在地表、树上还是在地下，都能用它们短短的四足缓慢地爬行。厉害的是，它们可以用前足或者趾尖在池塘底部泥泞不堪的表面上安然行走，同时还可借助摆动尾巴来加快行走速度。

蝾螈大多体色鲜明美丽，但这些美丽的外表下面是有毒的，或许它们就是利用这种鲜艳夺目的色彩来告诫来犯者，让那些蠢蠢欲动的猎食动物不敢靠前。当蛇向蝾螈发起进攻时，蝾螈的尾巴会分泌出一种像胶一样的物质，它们用尾巴毫不留情地猛烈抽打蛇的头部，直到蛇的嘴巴被分泌物完全给粘住为止。有时，还会出现一条长蛇被蝾螈的黏液给粘成一团动弹不得的场面。

蝾螈极小的腺体里还含有一种致命的细菌，并且利用这种细菌能产生一种毒素。当蝾螈受到攻击时，它会立即分泌这种致命的神经毒素，威力相当大。

除了本领强大外，蝾螈本身还具有很强的生命力，尤其是受伤后的自愈能力。所以有时候蝾螈因为机械性的外伤而断肢时，用不了多久，伤口处就会长出一个肉芽，然后便会慢慢发展修复成原先的状态。

↓蝾螈

蟾蜍
——长相丑　能耐大

☆ 门：脊索动物门
☆ 纲：两栖纲
☆ 目：无尾目
☆ 科：蟾蜍科

说起蟾蜍，大家可能不知道，但是它的别名蛤蟆却是为众人所熟知的。蛤蟆皮肤粗糙，且体表长有许多看着让人很讨厌的疙瘩，这些疙瘩含有毒腺，所以蛤蟆又被称为癞蛤蟆、癞刺。我国有中华大蟾蜍和黑眶蟾蜍两种，其身上的蟾酥以及蟾衣是我国紧缺的重要药材。

蟾蜍的故事

被叫为癞蛤蟆的蟾蜍，容颜丑陋，不时地在田埂道边钻来爬去，是人们所不喜欢的。尽管人们讨厌它、不理解它，但它还是默默无闻地工作着。它是农作物害虫的重要天敌，它所做的贡献有时还能胜过漂亮的青蛙，它一夜吃掉的害虫，要比青蛙多好几倍。

癞蛤蟆平常多隐蔽在小河池塘的岸边、草丛内或石块间，它的皮肤容易流失水分，所以白天多是潜伏隐蔽，夜晚及黄昏时间出来活动，主要捕食蜗牛、蛞蝓、蚂蚁、蝗虫和蟋蟀等猎物。

蟾蜍有毒吗

蟾蜍的皮肤粗糙，长相难看，其背上所长的大小不等的“癞疙瘩”，是它用来保护自己的重要武器。这些丑陋的疙瘩能分泌出一种白色的浆液，这种浆液可令敌人望而却步、不敢靠近。

它身上的武器不止这一个，在它眼睛的后方还长有一对大耳后腺，这是蟾蜍类动物所特有的一种腺体，只要稍稍碰到它，就会喷射出很多乳白色的汁液，这些汁液对于某些小动物来说是有毒的。但是对人却没有任何危害，如果人不小心碰到，只要用清水冲干净就行了，不会有什么麻烦。

行动笨拙的蟾蜍

在早晨、黄昏或暴雨过后的路

旁、草地上，常会看到蟾蜍的身影。如果你轻轻用脚碰一下它，它会立即装出一副假死的样子，躺在地上一动不动。

蟾蜍的皮肤较厚，具有能防止体内水分过度蒸发和散失的作用，所以它能长久地居住在陆地上不到水里去。冬季的时候，蟾蜍常常会潜入烂泥内，用它发达的后肢用力掘土，在挖好的洞穴内冬眠。蟾蜍行动笨拙缓慢，不善于游泳，由于它的后肢较短，所以只能作小距离的、一般不超过20厘米的跳动。蟾蜍虽然不具有这方面的优势，但是它在入药方面却是“技高一筹”，浑身是宝。

药用价值高

蟾蜍是一种药用价值很高的经济动物，全身都是宝。它身上的蟾酥在国际市场上声望很高，是我国的传统名贵药材之一，是六神丸、梅花点舌丹、一粒珠等31种中药的主要原料，对解毒、消肿、止痛、抗癌、麻醉、抗辐射等方面具有良好功效，同时还可治疗心力衰竭、口腔炎、咽喉炎、咽喉肿痛等症状。

另外，蟾蜍身上所特有的干蟾、蟾衣、蟾头、蟾舌、蟾肝等也都是重要的名贵药材。

扩展阅读

我们平常所常见的蟾蜍，只不过有拳头大小。但是在南美热带地区，却生活着一种世界上最大的蟾蜍，它体长约有25厘米，为蟾中之王。蟾王不仅体型大，胃口也特别好，它常活动在成片的甘蔗田里，大量捕食各种害虫。因此，它成了世界上许多产糖地区重要的保卫者，常被请去做帮手。

蟾王不仅能巧妙地捕食各种害虫，也能很好地保护自己。它满身的疙瘩分泌出的有毒液体，能使一吃到它的动物身上马上就产生火辣辣的伤痛感觉，不得不将它吐出来。一只雌蟾王每年产卵38000枚左右，是两栖动物中产卵最多的一种。但它的蝌蚪却很小，仅有1厘米那么长。

↓蟾蜍

鲵
——娃娃鱼的其乐世界

☆ 门：脊索动物门
☆ 纲：两栖纲
☆ 目：有尾目

鲵是我国特有物种，因其叫声像婴儿啼哭，故俗称“娃娃鱼”。鲵是两栖类动物，分为大鲵、小鲵两科，其中大鲵主要分布于我国的山西、陕西、广东、广西等地，是国家二级保护动物。小鲵主要分布在我国的浙江、福建、湖北、四川等地。

大鲵、小鲵比比看

鲵分为大鲵和小鲵两科，它们之间各有差异。其中，大鲵是产于中国的世界上最大的两栖动物。一般的大鲵体长60～70厘米，最大的可以达到1.8米长。娃娃鱼背面颜色为棕褐色，腹部色彩较淡，头宽阔扁平，背面长有极小的鼻孔和眼，体肥粗壮，尾巴扁长。大鲵的四肢较短，前肢4指，后肢5趾，趾间有点蹼，游泳时前后肢紧贴身体两侧，靠弯动躯干和尾巴前进。

与大鲵同家族的小鲵，身体则较为小些了，它体长只有5～9厘米。小鲵背面为黑色，腹面颜色较浅，整个身体长有星星点点的银白色斑点，头部较小但舌头很大，有一个短而侧扁的尾巴，平时喜欢在岸边的水草间游泳活动。

娃娃鱼的生活习性

娃娃鱼过着山溪隐士的生活，喜欢生活在海拔200～1600米的山区溪流中，它们通常白天隐伏在有回流水的洞内，到了傍晚或夜间出来活动觅食。娃娃鱼食性很广，喜欢吃鱼、虾、蟹、蛇、鸟和蛙类等动物。

到了寒冷的冬季，娃娃鱼由于自身不具有调节身体体温的功能，无法抵御外来严寒的侵袭，所以不得不躲进水潭或者洞穴内，从而进入冬眠。到来年的三四月份天暖时，它们才又出来寻找食物，重新过着以前悠然自得的生活。

中国小鲵的发现

我国最初发现小鲵是在1889年，

一名外国人在湖北宜昌考察的时候、最早发现的中国小鲵身长只有100~150毫米，有4个足，头大而扁平，尾末端呈明显的刀片状，颜色为淡黄色，上面缀有黑色小星点。

小鲵靠肺和湿润的皮肤来交换空气呼吸，可以离开水面到陆地上，但时间不能太长，主要以苔藓或节肢动物幼虫为食。

小鲵喜欢栖息在丘陵或低山中，在非繁殖季节过陆栖生活，平时多隐藏于潮湿的松泥土、腐叶层或石块下面。奇怪的是，它们还常在腐枝烂叶中被挖出，这可能是因为它们阴雨天或傍晚会到地表活动，捕捉蚯蚓、昆虫等其他小幼虫。

鲵的神奇功效

被称为二级保护动物的鲵，本身具有很高的经济药用价值，在美食、保健、医药、观赏等方面均具有广泛开发利用的前景。它还是一种传统的名贵药用动物，其中大鲵具有滋阴补肾、补血行气的功效，对贫血、霍乱、疟疾等有显著疗效。同时，大鲵也是一种食用价值极高的经济动物，其肉质细嫩、风味独特，具有很高的营养价值，其肉蛋白中含有17种氨基酸，其中有8种是人体必需的氨基酸。

知识链接

中国小鲵至今已经有约3亿年的历史，它与恐龙同处一个发展时代，是一个非常古老的物种。中国小鲵历尽沧桑劫难却顽强地繁衍生息至今，被称为珍贵的“生物活化石”。同时，还被生物学家誉为研究古生物进化史的一把“金钥匙”。1986年，中国小鲵与国宝大熊猫一起被国家列入《中国濒危动物红皮书》之中。

↓鲵

蛇
——如此可怕的动物

☆ 门：脊索动物门
☆ 纲：爬行纲
☆ 目：有鳞目
☆ 亚目：蛇亚目

蛇是一种足够让人害怕的动物，它巨大可怕的身体、五花八门的颜色足以让人吓破胆子，不敢靠近。蛇是爬行类动物，它身体细长，四肢退化，没有脚，没有可以活动的眼睑，没有耳孔，仅有的只是身体表面覆盖的鳞。但是就是这样一类动物却足以在它活动的范围内称王称霸，厉害得不得了。

小小俱乐部

目前世界上分布的蛇有3000多种，其中毒蛇就有600多种。蛇的个体差异很大，分布在加勒比群岛的马丁尼亚、巴巴多斯等岛上的线蛇，是世界上最短的蛇，只有9厘米那么长。眼镜王蛇是最大的毒蛇，它长竟可以达到6米，真是难以想象。

如果碰到蟒蛇，这类蛇就算是小的了。因为分布在东南亚、印尼和菲律宾一带的蟒蛇，最一般的体长都要超过6.25米，最长的还可达到10米左右。而生活在南美洲的水蟒则更为夸张，身长竟达11米以上，体重超过100多千克。

黑曼巴蛇为世界上最毒的蛇，它无论是运动速度、毒液毒性还是攻击力，都位居蛇族榜首，是不折不扣的大毒蛇王。

认识蛇的模样

蛇身体细长，表面覆盖着鳞片，有毒蛇和无毒蛇两类。无毒蛇头部是椭圆形，口内没有毒牙，尾部是逐渐变细的；而毒蛇的头一般是三角形的，其嘴里有毒牙，牙根部有能分泌毒液的毒腺，一般情况下尾很短，并且通常是突然变细的。

毒蛇与无毒蛇还有个最主要的区别就是，毒蛇的身体上大多有鲜艳的花纹，其性情凶猛，能快速追赶人畜。

蛇的生活大解剖

蛇类其貌不扬，形状色泽奇特、浑身披鳞，头颈高翘、躯尾摆动、快速行进，它的形态实在是难以惹人喜爱。蛇类喜欢居住于荫蔽、潮湿、人迹罕至的杂草丛中或是一些废弃的石块、土墙旁边，也有的蛇栖居水中。

蛇有冬眠的习性，到了冬天它们就集体盘踞在洞中睡觉，一睡就是几个月，不吃也不喝，一动不动地保持体力。偶尔也会出来晒晒太阳，吃些东西。待到春暖花开的时候，蛇就醒了，开始外出觅食，而且蜕掉原来的外衣。

蛇蜕皮相当于重获新生，蜕过皮的蛇活动量明显增大，胃口也变得极大，体力也逐渐恢复。蛇吃食物时，通常先把它咬死，然后吞食，嘴可随食物的大小而变化，遇到较大食物时，下颌会自动缩短变宽，成为紧紧包住食物的薄膜。蛇吞食时常从动物的头部开始，吞食小鸟则从头顶开始，吞食小白鼠一般只需要5～6分钟，而吞食较大的鸟则需要15～18分钟。

蛇一般在气温逐渐上升的4月下旬至5月上中旬进入发情期寻偶时，雌雄蛇发出的鸣叫声清晰明亮，“哒哒哒”如击石声。产卵期一般在4月下旬到6月上中旬，雌蛇所产蛇卵一般粘结成一个大的卵块，卵块中卵的数量为8～15枚不等。

知识链接

蛇主要以鼠、蛙、昆虫等为食，在追捕猎物时常会时不时地吐舌头，这是因为蛇的舌头细长而分叉，俗称蛇芯子。一般来说，舌头是味觉器官，而蛇的舌头却是嗅觉器官，它能把空气化学分子黏附或溶解在湿润的舌面上，然后再判断遇到了什么情况。蛇在追杀猎物时，把捕捉到的情况传达到由许多感觉细胞组成的助鼻器里，然后再传到大脑里，经过嗅觉中枢的综合，就可以准确地捕获到猎物了。

↓蛇

蜥蜴
——奇怪的四足蛇

☆门：脊索动物门
☆纲：爬行纲
☆目：有鳞目
☆亚目：蜥蜴亚目

蜥蜴是一种常见的爬行动物，以热带地区的种类和数量最大。蜥蜴有“四足蛇”之称，还有人称它为“蛇舅母”，看来，它和蛇还真是有些关系。蜥蜴和蛇有许多相似的地方，其周身都覆盖以表皮衍生的角质鳞片，雄性都有一对交接器，都是卵生，方骨都可以活动等。前面介绍了蛇，下面我们就来探一探蜥蜴的世界吧。

蜥蜴长什么模样

俗称“四足蛇”的蜥蜴，外形可分为头、躯干、四肢与尾四部分。头与躯干之间的颈部在外形看来没有较明显的界限，但头部可以自由灵活转动。

蜥蜴“五官”长得还算端正，在头部可以见到口、一对鼻孔、一对眼睛和一对耳孔。如果没有外耳孔，则鼓膜位于表面，有的种类鼓膜上还被覆以细小的鳞片或是呈锥状的大鳞，头部也覆盖鳞片。其头背所覆有的大鳞片数目及排列都较为一致，是作为分类鉴别的重要依据。

蜥蜴的小小世界

蜥蜴是变温动物，生活在温带及寒带的蜥蜴种类则有冬眠现象。而在热带生活的蜥蜴，由于气候温暖，可终年进行活动。但在特别炎热和干燥的地方，蜥蜴还会有夏眠的现象。

这种变温类动物外出活动时还可分白昼、夜晚或晨昏活动三种类型，这主要取决于食物对象的活动习性或其他一些因素。单个蜥蜴的活动范围是很有限的，如树栖蜥蜴往往只在几株树之间活动，如生活在地面上的多线南蜥等，其活动范围平均在1000平方米左右。

大多数蜥蜴吃动物性食物，主要是以昆虫或甲壳动物为食，也有的会吃家禽。夜晚活动的蜥蜴类多以鳞翅目等昆虫为食物，体型较大的大蜥蜴则以小鸟或其他蜥蜴为食物，也有部

分蜥蜴如鬣蜥是以植物性食物为主。

由于大多数种类捕吃大量昆虫，蜥蜴在控制害虫方面也起到了不可低估的作用。有人认为蜥蜴是有毒动物，这是不对的。因为在全世界6000多种蜥蜴中，已知的只有两种蜥蜴是有毒的，且都分布在北美及中美洲。

蜥蜴为什么要自断尾巴

很多蜥蜴有“自残”的行为，这种行为体现在它们在遭遇敌害或受到严重干扰时，常常会把尾巴断掉。这实际上是一种自救行为，因为即使是断掉的尾巴，还会不停地跳动，这样就能吸引住敌害的注意，而自己却可以借机逃之夭夭。

这种现象叫做自截，自截可在尾巴的任何部位发生。尾巴断开后不久还会长出新的来，因为其特殊的身体构造可使断开的尾巴不断分化，从而长出新的。还有的时候，尾巴并未完全断掉，再加上软骨横隔自伤处不断分化再生，于是就会产生另一只甚至两只尾巴，形成分叉尾的现象。

蜥蜴的变色能力

蜥蜴有很强的变色能力，特别是避役类蜥蜴，以其善于变色而荣获“变色龙”的美名。像树蜥与龙蜥类多数也有变色能力，其中变色树蜥在阳光照射的干燥地方通常身体颜色会变浅，而头颈部则会变得发红，当转入阴湿地方后，头颈部的颜色逐渐消失，身体颜色则逐渐变暗。

另外，大多数蜥蜴是不会发声的。壁虎类除外，不少壁虎类蜥蜴都可以发出洪亮的声音。

知识链接

壁虎是蜥蜴中最小的一类，它身体扁平，四肢短，趾上有吸盘，能够在墙壁上自由爬行，且它独特的身体结构还使得它在墙上爬行时没有任何声响。壁虎是夜行性动物，是有益的动物，通常捕捉蚊、蝇、蛾等小昆虫，它在墙上捉蚊子的本领又快又准。壁虎能适应由沙漠至丛林的不同栖息地，许多种类常到人的住所活动，对人类有益，但其叫声却有些扰人。

↓蜥蜴

巨蜥
——蜥蜴国的巨人

☆门：脊索动物门
☆纲：爬行纲
☆目：蜥蜴目
☆科：巨蜥科

巨蜥是蜥蜴中最大的一类，全世界约有30多种，巨蜥身体覆盖粗厚的鳞，吻部宽圆而扁，鼻孔距离吻部很近，它的牙齿极为锐利，颈部长且四肢粗壮有力，是尤为恐怖的一类动物。

巨蜥的世界

世界上有几种体大而长的巨蜥：科莫多巨蜥，体长可达3米；圆鼻巨蜥体长有2.7米之长，主要产于东南亚；作为稀有种类的无耳巨蜥，产于婆罗洲，是拟毒蜥科仅有的一种，它体长能达到4米之长。可以想象，这样的一类动物是多么可怕。

巨蜥体长一般为60～90厘米，体重一般是20～30千克，尾长70～100厘米，最长的可达150厘米，通常可占到身体长度的五分之三。

巨蜥全身布满较小而突起的圆粒状鳞，背面鳞片为黑色，部分鳞片杂有淡黄色斑，腹面是淡黄或灰白色，散有少数黑点。它的四肢极为粗壮，趾上具有锐利的爪，尾则扁如带状，像一把长剑。巨蜥又被称为“五爪金龙”。

巨蜥的生活习性

巨蜥以陆地生活为主，喜欢栖息于山区的溪流附近或沿海的河口、山塘、水库等地。它们昼夜都会外出活动，其中以清晨和傍晚最为频繁。巨蜥虽然身体笨重，但四肢发达，行动十分灵活，不仅善于在水中游泳，同时还能攀附矮树。

巨蜥以鱼、蛙、虾、鼠等动物为食，它们有时也到树上捕食鸟类、昆虫及鸟卵，偶尔也会吃动物尸体，还常会爬到村庄里偷食家禽。

雌性巨蜥常在6～7月的雨季在岸边洞穴或树洞中产卵，每窝约产卵15～30枚，孵化期约为40～60天。巨蜥寿命很长，一般可达150年左右。

生性凶猛好斗的巨蜥

巨蜥生性好斗，且较凶猛，遇到危险时，常用强有力的尾巴作为武器抽打对方。它在对待不同的敌害有不同的表现：立刻爬到树上，用爪子抓树，发出噪声威吓对方；还会鼓起脖子，使身体变得粗壮起来，同时发出嘶嘶的声音，吐出长长的舌头，以恐吓对方；把吞吃不久的食物喷射出来引诱对方，而自己则乘机逃走，等等。巨蜥真是聪明极了。

这些只是它不搏斗的情况下采取的手段，但更多的时候，它都是与对方进行搏斗的。在搏斗时，通常将身体向后，面对敌人，摆出一副格斗的架势，然后用尖锐的牙和爪进行攻击。在对峙一段时间后，就慢慢地靠近对方，抬起身体，向敌人出其不意地甩出它厉害的尾巴，就如同钢鞭一样抽向对方，常使猎物惊慌而逃，有些来不及逃脱的猎物还会直接丧生于巨蜥的尾下。

如果对方过于强大，巨蜥就会爬到水中躲避，它能在水面上停留很长时间。

扩展阅读

因巨蜥原有数量不多，且有很高的经济价值，导致当地人对其随意捕捉，使原本数量就较少的巨蜥已到了灭绝的边缘。1989年被列入中国《国家重点保护野生动物名录》，定为一级保护动物，同时已被列入《濒危野生动植物种国际贸易公约》。目前，中国不仅建立了巨蜥保护区，同时还大力鼓励人工饲养繁殖，以此来拯救数目稀少的巨蜥。

巨蜥

蟒蛇
——庞大的蛇中之王

☆门：脊索动物门
☆纲：爬行纲
☆目：有鳞目
☆科：蟒科

蟒蛇是当今世界上较为原始的蛇种之一，它最主要的特征是体型粗大且长，其肛门两侧具有后肢退化的痕迹，它的后肢虽然已经不能行走，但却还能自由活动。长相可怕的蟒蛇现为国家一级重点保护的野生动物。

巨大的蛇中之王

体型巨大的蟒蛇无疑是蛇类中的王者，不同种类的蛇之间会互相吞食。但无论是哪种蛇，包括带有剧毒的眼镜蛇，都是成年蟒蛇的猎取对象，所以其他蛇对于成年的蟒蛇来说，都构不成危险。

蟒蛇体长3～7米，头小，吻端扁平，通常覆有小鳞片。蟒蛇家族几乎所有的种类都有两个肺，有腰带纹，背上及身体侧面有云豹状的大斑纹，头背黑色，顶部有一条黄褐色斑，眼后下方布有大黑斑，喉下部位为黄白色。尾巴粗而短，但却具有很强的缠绕性和攻击性。

蟒蛇喜热怕冷，最适宜湿度是25～35℃，20℃时就很少活动了，15℃时开始进入麻木状态，如果气温继续下降到5～6℃时，蟒蛇就会直接面临死亡。而过长时间的强烈阳光暴晒也会容易使蟒蛇死亡。

蟒蛇的生活习性

蟒蛇属于树栖性或水栖性蛇类，生活在热带雨林和亚热带潮湿的森林中，为广食性蛇类。主要以鸟类、鼠类、小野兽及爬行动物和两栖动物为食，蟒蛇的牙齿异常尖锐，猎食动作也极其迅速准确，有时夜晚会进入村庄农舍捕食家禽和家畜，雄蟒还会害人。它的胃口很大，一次可吞食与体重等重或超过体重的动物。

蟒蛇的繁殖期短，为每年的4～6月，卵生，雌性每次产卵8～32枚，多者可达百枚。卵为白色，重80克左

右，呈长椭圆形，每卵均带有一个“小尾巴”，卵孵化期为60天左右。雌蟒产完卵后，有盘伏卵上孵化的习性，这时候的蟒不吃食，身体具有较高的体温，有利于卵的孵化。在蟒孵卵的时候不要靠近它，因为这时的它们性凶，极易伤人。

蟒蛇的生存危机

常在夜晚闯入村庄猎获家禽、家畜的蟒蛇，有时也入河中猎食鱼类，饱食后如果没有立即返回隐蔽住所时，就成了人们捕捉的对象。

蟒蛇是外贸收购站的主要收购对象，长期以来，不分季节和大小，任意收购和捕杀，导致其数目锐减。还有些地方，人们对森林的滥砍滥伐，也导致了蟒蛇的栖息环境范围缩小。

要蟒蛇似乎也成了一种非常流行的活动，很多产地的耍蛇人以耍蟒蛇营利，使蟒蛇长期脱离野生环境，严重影响了其繁衍生息。目前，蟒蛇所面临的以上困境，使得它开始处于濒危状态。

扩展阅读

印度尼西亚曾捕获一条长14.85米，重447千克的巨蟒，它是迄今为止被发现的世界上最大的一条蟒蛇，取名为“桂花”。虽然它名字听起来比较温柔，但据说“桂花”的大口一旦张开则十分惊人，可以轻松吞下整整一个人。据说，要制服这么大的蛇，至少需要8到10个壮年男子。

据英国媒体报道，这条大蟒蛇是在印尼和马来西亚交界的婆罗洲一个原始森林中被发现的，当地人将它捕获后卖给了公园。

↓蟒蛇

鳄鱼
——会流泪的“杀手”

☆门：脊索动物门
☆纲：爬行纲
☆目：鳄目
☆科：鳄科

鳄鱼是极具神奇色彩的一个古老传说，鳄鱼不是鱼，是名副其实的爬行动物，是祖龙现存唯一的后代。身形庞大的它入水能游、登陆能爬，有“爬虫类之王”的美称。其名字鳄鱼的由来，是因为它能像其他鱼类一样在水中自由嬉戏。该物种主要分布在亚洲、澳大利亚、非洲、美洲和马达加斯加地区。

鳄鱼传说

鳄鱼通常为体型巨大、笨重的爬行动物，外表上和蜥蜴稍微类似，但是比它稍大。鳄鱼之所以能引起特别关注，是因为它在进化史上所占据的重要地位。鳄是现存生物中与史前时代类似恐龙的爬虫类动物相联结的最后也是最关键纽带，同时，它又是鸟类现存的最近亲缘种。

鳄鱼是迄今发现活着的最早和最原始的爬行动物，它是在约2亿年以前的中生代由两栖类动物进化而来的，延续至今仍是半水生的爬行动物。它和恐龙同时代，恐龙至今已经灭绝，而它的存在似乎也强有力地证明了它生命力的无比顽强。

长寿的鳄鱼

鳄鱼是祖龙现存唯一的后代，它身形庞大，样子很是可怕。据考古发现，鳄鱼最大体长达12米，重约10吨，但大部分种类的鳄鱼平均体长约为6米，重约有1吨。鳄鱼用肺呼吸，由于其体内氨基酸链的特殊结构，使之具有较强的供氧储氧能力，因而具有长寿的特征，一般鳄鱼平均寿命能达到150岁。

鳄鱼属肉食性动物，主要以鱼类、野兔、蛙等为食。且在不同的发育阶段，其所摄食的动物还会有所不同。小型鳄鱼一般以小型的鱼虾、昆虫等为食；大鳄鱼则以杂鱼、蜗牛、鸡、鸭、牛等为食，有时甚至还会把血口对准人类。

鳄鱼为什么会流泪

鳄鱼捕猎时常会在水里一动不动地潜伏着，只露两只眼睛在水面上。它们的眼睛长在头上较高的位置，可以清楚地看清物体，同时还可精确判断出猎物离它的距离。如果猎物不在伏击范围内，它就会继续一动不动地待着，等到猎物靠近时，它就会迅速跃起，张开大嘴，咬住猎物。它的上下颌具有强大的咬合力，再加上一口锋利的牙齿，猎物一旦被咬住，几乎就没有逃脱的可能。

鳄鱼在进食时通常会流“泪”，实质上，从鳄鱼眼睛里流出来的不是泪水，而是一种盐分。由于鳄鱼肾脏的排泄功能不够完善，不能排出体内多余的盐分，于是它们便演化出了一种特殊的盐腺来排泄盐分。鳄鱼眼睛附近有个特殊的腺体，中间有根导管，这些导管可向四周辐射出几千根细管和血管。这些细管和血管能把血液中多余的盐分分离出来，然后再通过中央导管排出体外。这就是我们所看到的鳄鱼“流泪”。

鳄鱼如何繁殖

到了繁殖季节，鳄鱼们会在淡水江河边的林荫丘陵营巢，它们用尾巴扫出一个大约7～8米的平台，台上建有安放鳄卵的巢。每巢约有50枚白色硬壳卵，鳄鱼妈妈对孩子的守候是很贴心的，它们会一直守在巢侧控制温度，时不时地甩尾巴洒水湿巢，使巢内保持33℃的温度。鳄鱼爸爸则独占领域，驱斗闯入者。

经过 75～90天的孵化，小鳄鱼会慢慢地长大，体长逐渐由刚开始的240毫米，长到3年后的1156毫米。成年的鳄鱼经常在水下漂流，只有眼鼻露出水面。它们耳目灵敏，一旦遇到惊吓，就会立即下沉到水底。阳光的午后，它就多会浮在水面暖暖地晒晒太阳，享受世间的美好。

具有强大生命力的鳄鱼还极富有观赏价值，具有多种药用保健功效，同时，它也是名贵佳肴。

↓鳄鱼

变色龙
——神奇的伪装者

☆门：脊索动物门
☆纲：爬行纲
☆目：有鳞目
☆科：避役科

变色龙，学名避役，是一种非常奇特的爬行动物，主要适于树栖生活，最主要的特征为体色能变化，其变色不仅仅是为了伪装自救，另外还有一个重要作用就是能够实现变色龙之间的信息传递，便于和同伴沟通，相当于人类语言。

看看变色龙的世界

变色龙属于蜥蜴家族，世界上共有85种，大多数都栖息在马达加斯加岛以及非洲大陆上。它们扁平的身体上覆盖着一层鳞片，眼睛向外凸出，四脚趾上有爪，可以相互对握。它的尾巴就像是第五条腿，常呈螺旋状，有时可长时间盘缠在树枝上。

变色龙一般体长约在25~35厘米之间，较大的种类可达到50多厘米。它们有极长的舌头，伸出嘴来的长度可超过体长。因此从某些角度上来讲，变色龙可以说是舌头最长的动物。它们主要以活甲虫、蚊蝇、蜘蛛等为食。

奇特的眼睛

变色龙长着一双很奇特的眼睛，不仅大而且向外凸出，眼睑上下结合为环状，中央有小孔，光线可从孔中直接摄入。它的眼睛能自由转动180度，而且两只眼睛还能各自作独立运动，互不牵制、互不干扰，左眼向前看时，右眼可以神奇地向后或向上看，有意思极了。

在捕捉猎物时，两只眼睛能自己分配好工作，一只眼睛观察飞虫的同时，另一只眼睛能及时准确的测量距离。当它们发现自己爱吃的食物时，两只眼睛就会同时一动不动地紧盯着食物，看上去就像是斗鸡眼，甚是可爱。而实际上，它们采用这种方式是因为能够扩大视野，更加有利于寻找较小的猎物。

高超的伪装之王

在危机四伏的大自然里，变色龙不是厉害的动物，它行动缓慢，不能像别的动物那样遇到敌害打不过，就快速逃跑。而且它还没有一个像样的御敌利器，但是在这样一个弱肉强食的自然界里，它却生存了下来。这无非得益于它长时间演变出来的一套独特的防身术，那就是极为高超的伪装术。

厉害的变色龙可将身体随意模拟成树叶、树枝、花朵、岩石等各种事物的自然形态，人称“伪装之王”。最厉害的地方是，它们能根据所处背景的色彩随心所欲地变幻表皮颜色，把自己淹没在背景中，而不被天敌或猎物察觉。

另外，变色龙的皮肤还会随着温度和心情的变化而发生改变。其中雄性变色龙会将暗黑的保护色变成明亮的颜色，以警告其他变色龙离开自己的领地；有些变色龙还会将平静时的绿色变成红色来威吓敌人。它们的目的都是为了保护自己，免遭袭击，使自己生存下来。

变色龙变色取决于皮肤三层色素细胞，这些色素细胞里储藏着黄、绿、蓝、黑等各种色素细胞，它们能在必要时变换出多种适合自己的肤色，以达到自己的目的。

知识链接

变色龙还可用变换体色来进行信息传递和表达感情，当它们遇到自己不中意的求偶者时，雌性变色龙会表示拒绝，随之体色会变得暗淡，且显现出闪动的红色斑点。

变色龙学名叫避役，“役”在我国文字中的意思是“需要出力的事”，而避役的意思就是说，可以不出力就能吃到食物。

↓变色龙

【神奇的世界】

◎ 出版策划 　腾书堂文化

◎ 组稿编辑 　张　树

◎ 责任编辑 　王　珺

◎ 封面设计 　刘　俊

◎ 图片提供 　全景视觉

上海微图

图为媒